基因社會

從單一個體到群體研究，
破解基因的互動關係與人體奧妙之謎

THE SOCIETY *of* GENES

ITAI YANAI
以太・亞奈
MARTIN LERCHER
馬丁・勒爾克

潘震澤——譯

目次

推薦序

生機勃勃的基因社會

黃貞祥　清華大學生命科學系助理教授

你知道嗎？我們的基因們不僅自私，還會爭權奪利、勾心鬥爭、合縱連橫，就像一個有幾萬個人的小社會一樣，各種各樣的花招百出，雖然大部分人堪稱良民，但是總也有少數的不良份子徇私舞弊。

自從大名鼎鼎的英國演化生物學家道金斯（Richard Dawkins）在四十幾年前出版了超級暢銷的《自私的基因》（*The Selfish Gene*），用擬人化的筆法，來說明以基因為中心的天擇學說，指稱只有基因才是天擇作用的單位，我們個體不過是基因可以過河拆橋的載體而已。

《自私的基因》是部極為精彩的作品，啟發了不少志同道合的人士投身演化生物學的研究，包括我自己。然而，這個擬人化的比喻也令人產生了誤解，我甚至還讀到有人宣稱，人類的所有行為絕對是自私的，因為就連基因都是自私的，可是不學無術的話就當然不會知道，所謂的「自私的基因」其實是要用來解釋人類和其他動物的「利他」行為的。

當然，基因本身是不存在動機的，所以它們才不會「想要」得到啥利益而「自私」地起來。然而，這個「自私」的比喻，實在是太方便了，以致於有學者忍不住甘冒不嚴謹的大不諱，在嚴肅的學術論文或專書中使用。

《自私的基因》已出版了超過四十年了，但其觀點迄今仍為人熱議。這四十幾年間，遺傳學發生了翻天覆地的大變化，我們對基因如何打造出一個能讓它們過河拆橋的載體，即使還不是完全地理解，卻還是比四十幾年前知道得太多太多了！因此，野心勃勃的生物學家就想要來著書立說來挑戰一下。

我們人類的基因體裡頭，有大約兩萬多個編碼蛋白質的基因，這比起二十年前

「人類基因體計畫」完成前，大部分遺傳學家所預測的還少很多，過去大部分科學家都猜測人類大約有十萬個基因左右。然而，柳暗花明又一村，我們後來又發現，大部分基因都能編碼出超過一種蛋白質產物，迄今已知人類的一個基因，平均能編輯出五個版本略有不同的蛋白質，簡單的算術一算，差不多就是十萬多種蛋白質。

「人類基因體計畫」完成後，我們先得到了一本有字天書，又花費了十幾年的時光，努力把這部天書讀懂。近年我們對人類基因體又有了更多的認識，發現了許多不編碼蛋白質，但卻有著重要功能的非蛋白質編碼基因，它們對蛋白質編碼基因又有著五花八門的調控功能。如果把它們也當作基因，我們人類的基因數量已知差不多就有至少四萬六千多個。基因體學的進一步研究還發現，基因之間不僅有著複雜無比的互動關係，它們甚至還會被後天環境給「教化」。

兩位系統生物學家亞奈（Itai Yanai）與勒爾克（Martin Lercher）就要在這本《基因社會》（*The Society of Genes*）中說明，我們的基因體，才不是由單個自私的基因所組成的，而像是人類社會一樣，我們的基因體就是一個基因的社會。

任教於以色列理工學院的亞奈，實驗室使用秀麗隱桿線蟲胚胎作為實驗系統，目標之一，是全面地使用計算生物學的方法研究線蟲中每個細胞的基因表現，他也利用器官發育、腫瘤發生和宿主病原體的互動來瞭解基因的調控路徑；而任教於德國杜塞道夫大學的勒爾克，實驗室主要目標是瞭解天擇如何優化複雜系統，他利用新陳代謝為模式來進行演化的模擬和預測。

他們的研究讓你難以想像嗎？過去遺傳學主要是研究單一或個位數基因的功能，但是現在卻要全盤地考量整個基因體的上萬個基因，如何一同作用來為我們人體打造出各種組織器官，甚至產生複雜的人類行為。就像是開始從宏觀的角度來理解經濟現象一樣，必須使用更大量的資料來進行統計模擬，而非只考量單個人的經濟行為。

他們倆把系統化的思維，帶進了這本《基因社會》的寫作中，雖然兩位作者都是計算生物學和生物統計學的高手，但他們為了讓本書平易近人，在書中並沒有使用任何數學和演算法，並且也秉持著《自私的基因》那樣的生動比喻，用人類社會裡的各種互動、分工、合作、競爭來為遺傳學的門外漢解說，我們基因體裡的基因們，是如何打造出我們的個體，甚至整個物種。

就像社會中專業分工的不同職業一樣，基因也有其專職，但是許多人的工作是要互相配合的，基因也有複雜的協同作用；就像許多人也身兼數個身份，基因也會有多效性；在社會中，有些人可能盡是鋒芒畢露，搶了其他人的風頭，後者只有在前者不在場的情況下，才能有存在感。這樣的現象也出現在基因社會中。

除了關注在基因社會如何打造出我們複雜的細胞、組織、器官、系統和個體，並且維持各種正常的新陳代謝，還有避免在DNA複製時鑄下大錯，亞奈與勒爾克也很關心在歷史長河中，在更大的時間尺度下，基因社會是如何演變的，以及不同基因社會是如何分分合合的。

就像極權國家的警察可能勾結幫派份子，原本該保護市民的黑警踐踏良民，我們基因社會內因為各種狀況不穩定了，幾個守護細胞安全的成員叛變就會野火燎原而成了致命的腫瘤；基因社會的成員之間也會在各種衝突，尤其是在分了家許久的兩個物種之間，無法再度合作的基因導致了後代的夭折和不育；性，對害羞的人來說是難以啟齒的，但對基因社會來說，就不過是為了讓基因社會的成員，能夠重新組合成創新的團隊。

隨著DNA定序的成本快速地下跌，在愈來愈多的基因體計畫完成後，我們的野心愈來愈大，已有數個研究機構宣稱要把地表上所有的動植物的基因體都定序完成。當然這對理解各種生物的特異性，是有很大的幫助的。然而，就拿動物來說，我們就現在已有的資料，已經可以知道許多動物之間天差地遠的形態差異，有時候並不是出自於我們的基因社會成員有多麼不同，而是那些基因在胚胎發育表現的時空差異造成的。換句話說，就是工作排班的不同讓基因出場的時間和位置發生了變化。

生物的創新靠的不僅是基因工作班表的排列組合，基因社會還是能夠創造出新的成員，靠的是基因的複製，然後新的成員在舊成員堅守崗位的加持下，發展出了新技能。這樣的創新讓我們有了三色視覺，也讓犬類有了靈敏的嗅覺。甚至，整個基因社會都有可能整個複製了不止一次，讓更多成員能夠大顯身手。

在漫長的演化史，不同基因社會的融合，也造就了一加一大於二的效果，像是我們真核生物的粒線體，還有植物的葉綠體，原本都是獨立存在的基因社會，它們現在已深入地嵌入了我們的基因社會而成為不可分割的一部分了！

《基因社會》引用了許多新的科學觀念和發現，所以這本好書，即使對在大學中修過遺傳學的朋友來說，也會有許多新的啟發。對於想要瞭解基因如何打造出你我這樣的奇妙生物，也能夠令人大開眼界！

序

我們並不是因為肉販、釀酒人或麵包師的善意，才能享用到晚餐，而是出自於他們為了自身的利益。

——亞當．斯密（Adam Smith）

有個古老的基因社會與我們人類社會息息相關；這個社會的成員形塑了我們的身體以及腦子，還有我們的本能與慾望。基因社會帶領人類走到現在，但卻不一定掌控人類的未來。想要了解這些基因如何影響我們，以及人性如何從這些基因當中出現，我們當有必要知道，每個基因都在做些什麼事。

只不過這樣的做法不會奏效，因為人不只是基因的總和而已；基因社會的成員並不是生活在孤島上，它們只有共同合作、形成對手與合夥關係，才可能造就一個能活上幾十年的人體，並把自己推向下一世代的人類。

大約兩百五十年前，亞當．斯密領悟到市場之所以有效率，靠的是每個人出於私心的互動。同理，基因為了追求自己的長期存活，才進行競爭與合作，因而促成了人類整體的持續存在。

現代科技的進步，不斷揭露了大量有關基因社會的結構；這些有關基因體的資訊，是之前無法想像的。其中包括在基因社會底層辛勤工作的個體，像是把氧帶給細胞火爐的血紅素，以及忠實複製其他基因的聚合酶。也有像 *FGFR3* 基因這樣的傳訊者，記錄並傳遞了生長訊息；一旦這種基因受損，就會爆發遺傳疾病。還有像 *FOXP2* 與 *SOX9* 這種管理層級的基因：前者控制了一批參與人類語言的工作者，後者如果出了問題，則會使得原本應該是男孩的身體，發育成女孩。此外還有大批的搭便車基因，利用基因社會的其他成員：其中像是 *LINE1* 群基因，把多達五十萬個備份散佈在人類基因體當中，以及危險性十足的某些 *BRCA1* 基因版本，使得攜帶了它們的女性容易罹患乳癌。

探索人類的基因體，關鍵在於掌握這些基因的策略。我們會發現，基因體是由複雜的網絡聯結在一起的自私基因集合。這本書講述的正是這個基因社會的故事。故事中，有些成員成功，有些則失敗，不變的是他們彼此之間的衝突與合作。

引言

近二十年前，早在本書兩位作者於德國海德堡的歐洲分子生物實驗室初次碰面時，我們都讀了道金斯（Richard Dawkins）於一九七六年發表的經典著作《自私的基因》（*The Selfish Gene*）；那本書改變了我們的生命。當時，我們分別是電腦科學家與物理學家，但我們離開了那兩個領域，成了演化生物學家。道金斯的書描述了一個看待生物真實面貌的宏觀視野，也就是說：生物其實是個生存機器（survival machine），「被程式給盲目操縱的機器人載體，為的是保存所謂基因這種自私分子。」這個隱藏在演化時間幅度當中的驚人事實，一再讓我倆驚嘆不已。要習慣這種看法，難度不下於量子力學的奇特統計世界；後者是因為呈現的時間幅度過於微小，而不為人所察知。

道金斯寫作《自私的基因》時，還沒有任何一個基因體可供分析；他是根據基本原理以及前人的工作，創造出該書的邏輯；至於前人也是根據基本原理，建立了他們的理論。就算在發生了基因體革命之後，《自私的基因》至今仍然基本正確。基因體革命已將成堆的基因體序列存入公共資料庫，提供了一個生物資訊的百寶箱。頭一個基因體序列，詳細列出了支撐某個生存機器的一組基因；隨著越來越多物種的基因體被發表出來，科學家得以比較不同物種的基因體，對於它們的相似與不同之處，也得出了驚人的理解。接著，這份理解可讓我們推斷出基因是如何演化的。就人類這個物種而言，已有數以百計的個體基因體序列可供應用。

隨著時間的推移，我們曉得了一個道理：若想要更深刻地了解各種生物系統以及它們的演化，就必須有個全面的觀點。基因確實表現出可稱作「自私的行為」，但基因也像人一樣，並非獨立存活；沒有哪個基因可以單靠自己而活下來。為了能夠世世代代存活，基因必須合作，建立並運作一個又一個的生存機器。所有的人類基因體都包含同樣的一組基因，但是個別的基因備份可能因突變而有所不同；同時，相互競爭的備份在未來世代的基因體中，力爭優勢地位。由於基因之間這種複雜的合作與競爭互動關係，基因最多只能算是社會的一份子；這一點是本書要強調的主題。自私基因的觀念已經帶領我們一路進入二十一世紀，如果我們採取全面基因社會的觀點，來擴展這個觀念，那麼下一段路程將更容易完成。顯然，道金斯也曉得這種觀點的重要性；事實上，瑞德里（Matt Ridley）的精彩著作《德性起源》（*The Origin of Virtue*）中有一章就叫做「基因社會」，指出生存機器是許多基因協調運作下的產物；只不過在當時，關於基因間互動的研究還很有限，而難以得出一個完整的理解。

為了進一步闡述基因社會的觀念，本書將提供全面的生物學概觀：我們先從體內單一細胞的演化開始談起，然後將鏡頭拉遠，橫跨空間與時間，一直來到生命本身的起源。這本書是為一般讀者寫的，不要求讀者有什麼生物學的背景知識；但本書提供了一個新的角度來看待基因與基因體的演化，因此我們希望同行讀起來也能感興趣。如果說這本書能像啟發我倆的《自私的基因》一樣，引發學子對基因體研究的興趣，將會讓我們更加高興。

論點摘要

我倆有位摯友在讀小說時有個癖好，就是在還沒看完整本書前，就先跳到結尾。他的理由是如果他在看完整本書之前不幸過世，至少他已經曉得那本書的結局。雖說這種特別的託辭有點誇張，但在此我們提出本書的摘要，先行將我們的論點，也就是在思考生命系統時，將基因社會這個類比的有用性作一概述，以消除任何的戲劇性。

我們先從基因合作失敗造成的災難開始談起。癌症是基因體的疾病，也就是包含六十億個字母長度、帶有組成人體所有資訊的百科全書出了問題。在討論癌症如何發生時，第一章也連帶介紹了本書的主要演員，包括經由分裂而組成身體的細胞、基因與控制它們的互動，以及改變基因字母序列的突變，而成為演化的基礎和原料。癌細胞在威脅到生命以前，必須累積好幾個特定的突變，彼此協同運作以加速生長，並各自突破了身體對抗細胞生長失控的某種防禦。任何一個細胞要同時出現這些突變，是極不可能的事；那麼為什麼癌症還會那麼普遍？解開這個擾人謎題的關鍵，就是最早由達爾文詳細描述的天擇邏輯：一旦某個細胞取得了所需的突變之一，就會比鄰近細胞分裂得更快；其子代的數目也會變得夠多，使得其中之一出現下一個突變的機率變高；經由這種方式，基因體當中對癌症的防禦工事，就會像多米諾骨牌一樣一一倒下。

從癌症的動態可以看出，基因體不是固定不變的，而會在人的一生當中出現改變。第二章介紹了基因社會的類比，也就是由人類基因體當中的各種不同基因形成的「社會」。任何社會都需要界定其邊界，如何分辨社會成員以及入侵者基因（具有潛在危險性）的問題，細菌與脊椎動物的免疫系統提供了兩種不同的解決之道。這兩種免疫系統根據的都是將可能是外來的基因及其產物，與儲存在自身基因體的樣本相比。我們的免疫系統是利用天擇的原理，但細菌的巧妙系統卻不一樣，它們會直接把當下入侵者的資料引進自己的基因體；這是自然界少見的環境直接形塑基因體的例子。這種拉馬克原理[1]的運作方式也出現在人身上，只不過為時短暫；例如哺乳的母親將她自身與病原接觸所掙得的重要免疫防護轉讓給她的嬰兒。

對基因來說，能在下一代的基因體裡佔有一席之地，是值得拼命去做的事；這也正是「毒藥／解藥」基因配對存在的理由：把不攜帶它們備份的競爭對手的精子或卵細胞給殺死。第三章說明了基因社會演化出策略，來盡量壓抑作弊的行為，好讓每個基因都有相同的機會傳給下一代。這種全然平等主義式的設計，對於讓有性生殖成為有效率的繁殖策略來說，是有必要的。乍看之下，有性生殖似乎是個笨想法：做母親的不完全複製自己，反而選擇只貢獻自己基因體的一半給子代，另外一半則由沒有什麼其他貢獻的父親提供。但是在以百萬年為時間尺度的基因發展歷史中，有性生殖卻成了一個出色的想法。在不斷變化的世界中，每一代都嘗試基因的新組合，其所帶來的好處遠大於其代價。基因體新血的主要貢獻者來自父親，那是在精子生成、細胞經過無數次分裂時出現的複製錯誤，其中大多數還是有害的。

天擇是個重要的因子，但也不是唯一影響基因備份命運的因子。單純的機率也扮演了同樣重要的角色，這點將於第四章介紹。我們可以來看看下面這個明顯的矛盾：地球上任何兩個人的基因體都有將近九十九點九%的相同度，但人經常會像對待其他

1 審訂注：此處原文使用「Lamarckian principles」並不完全精確，應為新拉馬克主義（Neo-Lamarckism）。

物種般對待其他人。來自不同地區的人，其基因體只有微小差異的這個事實，告訴我們人類如何在過去十萬年間從同一個起源地非洲散布到世界各地，同時也告訴我們人類適應特定區域的故事。膚色以及乳糖不耐症是兩個例子，顯示環境如何決定了同一基因的哪個版本有足夠的好處在某個區域立足。膚色是防護紫外線以及使用陽光來製造維生素D之間的微妙平衡，乳糖不耐則與乳業有關。但大多數基因體當中的變異，卻與實用性毫無相關；許多基因備份屬於中性的旁觀者，只不過基因體裡位於左鄰右舍的同伴演化成功，使這些基因搭上演化成功的便車罷了。天擇會推動基因，讓我們歧視距離自己較遠的基因，這可是十足的種族歧視。但讀者不要會錯意，負責生成這種行為的基因，只是在推動它們一己之私的利益；就算這麼做不符合個人或是人類整體的最大利益。

基因社會當中的基因形成了複雜的關係網。執行某特定任務通常需要好幾個基因的合作，同時大多數基因都負有好幾個不同的責任。在第五章，我們描述了連接基因與人體特徵的複雜組織圖。雖說許多人類遺傳疾病都可以指向單一個基因的失常，但更常見的是，疾病是由基因社會多個成員之間的互動出了問題所造成，經常還結合了與環境的互動。再來，由於基因的多功能性質，同一基因出現的不同突變，可能導致截然不同的症狀，從性別逆轉到臉部變形不等。此外，基因之間還有更複雜的互動關係，遠遠超過疾病的肇因，這種互動控制了各種生物的基因社會，其差別可以像人類與細菌這麼大。

基因社會不會停滯不動。當有條河流將某個社會一分為二，使得分屬兩岸的居民不再融合，時間久了，兩岸的居民也就自然而然地形成兩個物種。在新種形成的核心，我們看到的是兩群基因社會的成員，彼此不再能夠合作。我們在第六章描述現代人與黑猩猩的演化方式，就像分割兩個古老的社會一樣。讓人類祖先與黑猩猩祖先不再能混合牠們基因體的分歧點在何處？如今，可能有人類與黑猩猩混種（猩人）出現的猜測，只出現在八卦小報，但仔細比較人與黑猩猩的基因體，確實可揭露出一些古老的「醜聞」。類似的「醜聞」在新種即將形成的晚近時刻曾經出現過：那是在出現最後猩人[2]的幾百萬年之後，「現代」人（智人）與尼安德塔人在非洲以外的地區重

2 編注：指遠古時代人類與黑猩猩的共同祖先。

新接觸。即便我們經常把歐洲與亞洲的土著尼安德塔人說成像是猿猴一樣的畜生，但在他們與新來乍到的現代人（智人）之間，必定有相當程度的吸引力。這種親密接觸在我們基因體裡留下的蛛絲馬跡，仍然協助著我們對抗歐洲與亞洲的病菌。

基因社會的成員可以大致分成「管理者」與「操作員」兩種。把同樣的基因做稍微不同的管理，就可能造成相當大的創新。因此，我們在第七章提出，不同物種之間的差別，更多的是在管理，而非做事的基因。由管理上的改變造成創新的例子，包括人類的語言或較大的人腦。*HOX* 基因是人類（以及大多數其他動物）身體最高層的建築工頭。如果 *HOX* 基因受到突變而失靈，它可能讓果蠅的頭部長出條腿來。細菌沒有腿或頭，但它們當中有些可以變形成適應能力強的時間膠囊，在困難的時候維持休眠不動，以求存活。負責這種轉變的管理基因，正是 *HOX* 基因的某個遠房親戚。

基因社會是如何「招募」新基因的呢？我們在第八章描述了基因是如何複製，好讓它們變得多樣化，可以經手新的功能。由此造成的結果，是人類基因體大部分是由其他基因的修飾備份組成。這種複製的典範造成了驚人的成功，例如來自三個基因備份的彩色視覺，以及來自數百個基因備份的人類嗅覺。細菌也經常使用某個相近的策略，來擴展它們的基因社會：它們會從其他細菌的基因體複製備份，算是一種智慧財產的剽竊。這麼做可讓它們挑選基因社會的新成員，好幫助它們對抗抗生素或是迅速利用新的食物源。

基因社會可以分化以形成新種，但它們也會融合，並且產生驚人的後果。第九章描述了十億年前在兩種非常不同的細菌合併下，如何生成了我們的細胞。在這種共生關係中，合併的基因社會可以朝之前任一母社會無法達到的方向演化。基本上，人身上的每個細胞都是一種脹大的古細菌，裡頭住了許多另一種提供能量的真細菌；在長達十億年的緊密接觸下，房客的基因體已經很好地混入了房東的。一如成功的企業合併，合併體要比其組成部分的總和還要來的強大。

任何社會都少不了來自不勞而獲的搭便車者的威脅。我們在第十章指出，在過去四十億年來，驚人多樣的搭便車者利用細胞的生命形式存活；在基因社會裡搭便車的結果之一，是人類基因體的規模變大了。人類基因體裡充斥著能在基因體裡複製／貼上自己的基因，它們能夠存身於基因社會，但對人類的存活沒有貢獻。這種搭便車是普遍的現象：由於這種寄生系列的存在，洋蔥的基因體是人類的五倍大。病毒的祖先

（所有搭便車者的始祖）必定早就與最早期的簡單有機分子糾纏一起，它們可能在四十億年前深海熱泉噴氣孔的岩石縫隙中聚合起來。

上述幾段文字為接下來的內容提供了粗略的素描；想要品嘗其中細節，還請讀者繼續往下閱讀。

第一章

癌症演化的八個簡單步驟

「能力越強，責任越大」

——伏爾泰（Voltaire）

鮑勃馬利（Bob Marley）與哭泣者樂隊（the Wailers）讓全世界喜歡上雷鬼樂（reggae），並啟發了好幾百萬人以靈性思考他們生活的方式。不幸的是，馬利的生涯在他三十六歲時就結束了：他因皮膚癌而身亡。他的癌症始於四年前某個腳趾下方看似無害的增生，馬利說是由某次踢足球受傷造成的。當醫生堅持要切除該腳趾頭時，馬利不聽，只是複述他對舊約文字的解釋：「他們不能……在我的身上做任何切割。」在沒有管束下，體細胞當中的腫瘤由天擇這條簡單的原理推動，而持續不斷地增生擴散。如果馬利曉得癌細胞演變的方式，他有可能及時將腫瘤切除，甚至活到一九九四年參加他入選搖滾樂名人堂的慶祝典禮。

在所有重大疾病當中，癌症可能是最嚇人的，至少它是最難預防及治療的一種。現代醫學已能使用藥物克服許多其他疾病，但這種藥物策略用在癌症上，卻是困難重重。究竟是什麼因素使得癌細胞這麼難被瞄準呢？

癌症不是來自外界對身體的攻擊，它也不是什麼發生在體內的倒霉意外；反之，它是演化力量的展示。癌症遵守的是某個不可避免的邏輯，與控制動物與植物物種演化的邏輯完全一樣。作為基因社會這個故事的序曲，本章將透過這個危險疾病的鏡頭，來介紹細胞、基因以及演化。

癌化腫瘤是我們整個身體的一部分，因此使得預防與治療變得十分困難。我們可以把人體看成是由數以兆計、稱為細胞的基本建材所興建的房子。細胞與細胞之間會交換養分與化學訊息；每個細胞就像個微型工廠，不同類型的細胞執行著特殊的功能；所有的細胞功都促成了整個身體的運作。在癌症病人身上，有些細胞放棄了與體內其他細胞的合作，開始不受控制地複製。

組成我們身體的細胞之間可以形成一個家譜，新細胞都來自現有細胞的一分為二。我們可以把自己身體裡的所有細胞都擺進一個巨大的樹狀家譜圖中，所有一切存在的根源始於單一個細胞，也就是你母親的一顆受精卵。圖 1.1 顯示了一種比人簡單得多的動物（秀麗隱桿線蟲）的家譜樹；該家譜樹展示了該種線蟲的細胞系譜，也就是單一個細胞如何經由細胞分裂發育成一個完整的動物。

從單一受精卵發育成完整的人，是在沒有建築經理或建築師的情況下完成的。在發育過程中所必需的緊密協調，是由每一個出現的細胞共同分擔的。這就好像建築裡的每一塊磚頭、配線以及水管都知道整個建築的結構，並與鄰近的磚頭商量，決定把自己放在哪裡。

癌是病人自身細胞過度增生形成的一塊組織，屬於病人細胞系譜上的一條分支。每個癌都是從細胞系譜中的一個細胞開始的。該細胞與其後繼者在過了正常情況下應該停下來的時刻仍繼續分裂。不斷複製的癌細胞在身體各處散布，抓住接觸重要資源的機會，例如氧。終究，它們會變得過大以及消耗體內過多資源，導致身體其他

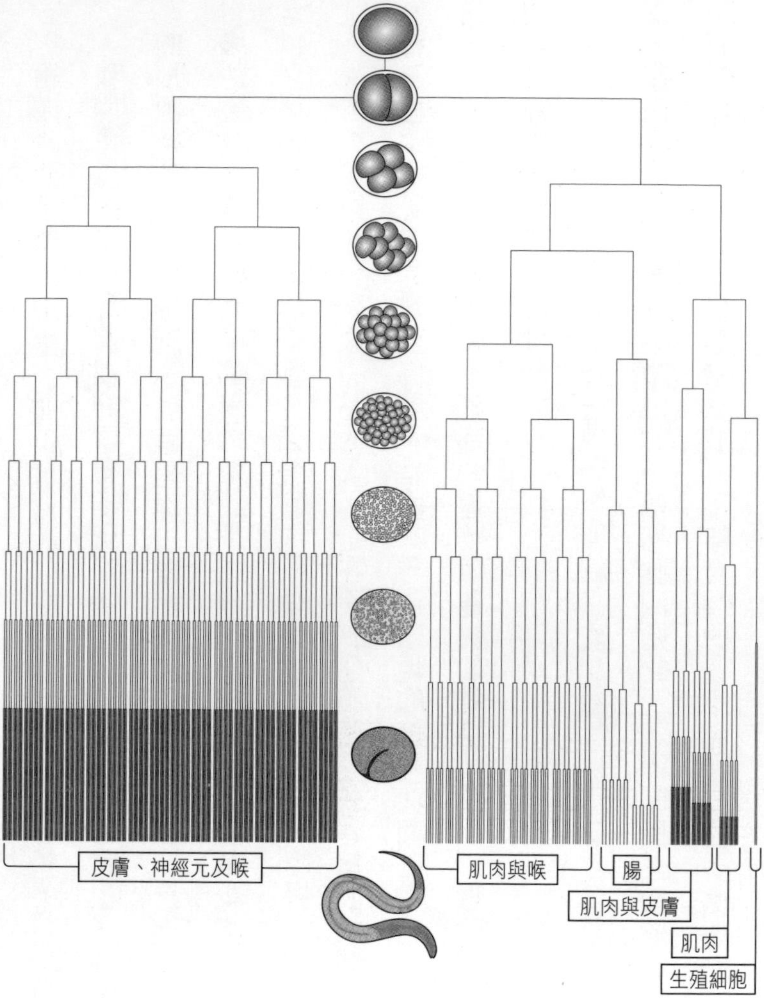

圖 1.1： 某種稱為秀麗隱桿線蟲（*C. elegans*）的微小圓蟲的細胞系譜。這種簡單的動物在短短十三個小時內，就能從單一個細胞（頂端）發育成一隻擁有五百五十八個細胞的動物（底部）。在圖中央畫的是發育中的胚胎，一個個小圓圈代表著細胞；在圖的兩旁，是建立起圓蟲的細胞家族樹。每條垂直線代表一顆生長中的細胞，每條平行線則代表一次細胞分裂；成群的細胞則專精於建立特定的器官，好比喉或神經細胞（神經元）。人類的細胞系譜要比這大得多，也更複雜，但根據的是同樣的原理。

部分因挨餓而崩潰，也使我們身體由許多類型細胞進行的分工合作，出現災難性的瓦解。

構成我們身體的細胞又是怎麼知道何時該分裂、何時該停止呢？細胞分裂是個需要微調的精細過程。如果你臉上或手上的細胞一不小心多分裂了一次，你將會變得像十九世紀的約翰梅利克（Joseph Merrick），一位靠展示自己來謀生的「象人」。這種多餘的細胞分裂會受到細胞的地方自治管轄，也就是說，細胞只有在接受了來自鄰近細胞的允許訊息後，才會生長與分裂。細胞是利用生長因子來進行溝通，那是從細胞內製造的特定訊息分子，然後穿越細胞膜送到細胞外。細胞只有在同時收到來自不同鄰居釋放的訊息，才會開始分裂。這種整合多重訊息的機制，是個保護措施，可避免身體因個別細胞的錯誤判斷而造成失誤。

基因體的疾病

癌細胞會無視其鄰居發出的訊息逕行複製，是因為它們與其他細胞不同。所有細胞（包括任何生物）的核心是基因體，由一組稱為染色體的易損分子組成。每個人類的基因體，可以視為由六十億個字母組成的文本，比莎士比亞所有作品的結集大上一千倍。這些文字分成四十六卷，每一卷就是一條染色體。人類的基因體似乎還自帶備份：其四十六條染色體是由二十三對幾乎完全相同的染色體組成；唯一例外是男性帶有兩條不成對的性染色體，稱為X與Y染色體。基因體的文本全部是由四個字母寫就：A、T、C與G，分別是四種核苷酸鹼基的縮寫；A是腺嘌呤（adenine），T是胸腺嘧啶（thymine），C是胞嘧啶（cytosine），G是鳥糞嘌呤（guanine）。數以百萬計的鹼基連成一條鏈，組成去氧核醣核酸（DNA）這種分子（圖 1.2）。

染色體是由兩條並排的DNA鏈緊密交纏形成（圖 1.2）。這兩條鏈是互補的鏡像構造，位於一條鏈上的每個A都與另一條鏈上的T相對，每個C則與G相對。想要展示一長條基因體的資訊，我們只需看兩條互補鏈當中的一條即可，因為用上互補的鏡像原則，我們很容易就能重建另一條的訊息。我們可以拿人類第九條染色體上的一小段為例，來看看基因體的「文本」究竟是何模樣：

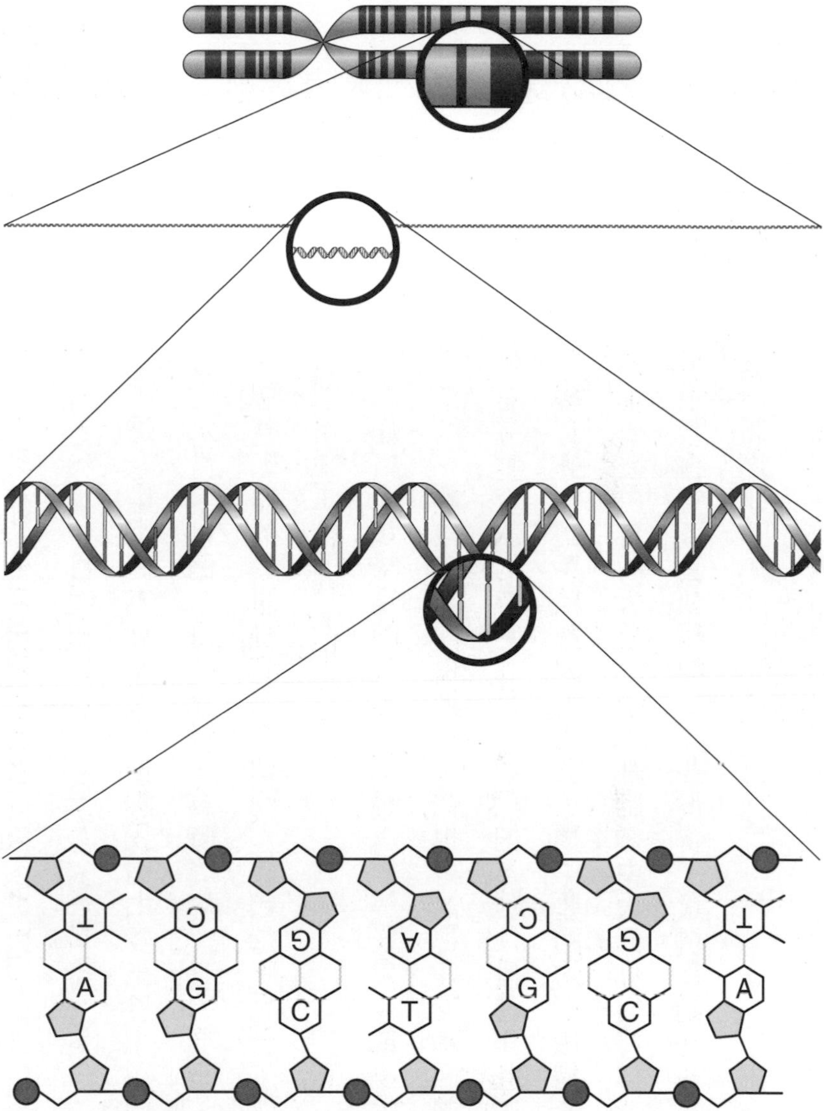

圖 1.2： 染色體是個巨型分子，由數以百萬計的四個 DNA 鹼基（或稱字母）備份組成，分別是 A、T、C 與 G，連結成兩條互補鏈。在細胞的整個生命史當中，染色體的形狀會改變。圖上方顯示了染色體最濃縮的形狀，其中的 DNA 鏈緊密包裝在一起；下方的圖形是以不斷放大的倍率，顯示了一段染色體；最底部的圖片顯示了兩條互補鏈，其中 A 總是與 T、C 總是與 G 配對。

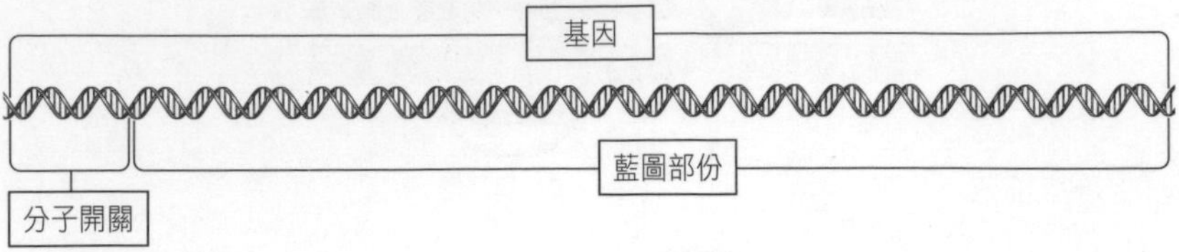

圖 1.3： 一個攜帶了蛋白質編碼的基因，由當作藍圖來製造蛋白質的模板（編碼序列），以及用來開啟及關閉蛋白質生產的分子開關所組成。

…ACCAGTTCTCCATGATGTGAATTTCCATTGTATGA
CTGAACCACAATATCTCAGGACCCCATAAATAT…

這一串字母本身並沒有告訴我們太多訊息，我們離解開該文本當中每個字母的含意，為時尚早。直到今日，還沒有一個基因體的資訊得到完全解開；我們還不完全了解這些字母都呈現了什麼樣的編碼。

任何人類語言的文本，都可以分解成或多或少帶有完整含意的一些段落。同樣地，我們也可以把任何基因體分割成帶有完整資訊的特定片段，我們把這種片段稱作基因。人類所擁有的約兩萬種基因，包含了類似藍圖的準確指令，可製造稱為蛋白質的大型分子；細胞當中大部分的特定功能，就是由蛋白質負責執行的。這些攜帶了蛋白質編碼的基因，就是本書的主角。

這些基因的字母序列可以分成兩大類（圖 1.3）：記述蛋

白質組成的藍圖部分，以及分子開關的部分。這些分子開關調節了基因的活性，控制基因是否以及以怎樣的速率、將藍圖部分複製出製造蛋白質的模板。大多數基因擁有好幾個這種開關或控制元件。在接下來的敘述中，要記住的是，基因包括建構蛋白質的指令，以及告知基因何時開啟與關閉的開關。

在人體細胞分裂產生更多細胞時，每個細胞必須做的最重要事情之一，就是製造染色體的備份。想要製造雙鏈的染色體DNA，某個稱作DNA聚合酶（DNA polymerase）的細胞裝置（由幾十個蛋白質構成）會先將雙鏈拉開，然後在展開的每一條模板鏈上組裝出新的互補鏡像鏈。

一如其他分子，染色體也可能遭到損壞或斷裂。舉個簡單的例子是鐵：當有氧原子入侵並與純鐵結合時，就形成了鐵鏽分子。要分辨鐵鏽與健康的鐵不難，轉鏽漆也可以使用化學轉換將鐵鏽變成保護性的化學屏障。許多類型的染色體改變與鐵鏽類似，也可以輕易被偵測以及修復；但DNA還有其他方式的修改，好比其中一個字母不小心被置換成了另一個。這種突變經常會被負責偵錯的蛋白質給忽視，因此沒有得到修補。以下是先前看過的一段基因體序列出現的突變例子：

（突變前）…ACCAGTTCTCCATGATGTGAATTTT…
（突變後）…ACCAGCTCTCCATGATGTGAATTTT…

該序列鹼基的第六個字母，從T變成了C。這樣的一個小改變可能看來無關緊要，但我們可以從下面這個出名的例子，來看看一個錯字可以造成什麼結果：

（突變前）…MY KINGDOM FOR A HORSE…（拿我的王國換匹馬）
（突變後）…MY KINGDOM FOR A HOUSE…（拿我的王國換棟房子）

人類基因裡有整整百分之一的部分，參與了染色體的校對與改錯；只不過就算投資了這麼多在改錯上，DNA的複製仍然不算完美。每一次細胞分裂，就有六十億對字母要複製、檢查以及修改。在這樣的一輪複製下來，有一個DNA字母出現突變的機率（突變率）是一百億分之一。因此，在一輪基因體的複製中，還是有約百分之七十的機率至少會有一對字母出現錯誤。這是個理想的數字，因為前提是這個人過的是健康的生活；如果接觸了有毒化學物質（好比香菸或烤焦的肉）或紫外線（來自太陽或日光浴沙龍），我們的基因體還可能出現更多的改變。這樣的突變可能是單一字母遭到替換（譬如上述的例子），但在某些情況，整段的DNA分子（也就是一長串字母）都遭到移除，或複製後加入看似隨機的位置。由於有這些突變，我們體內有不只一類基因體，而是有成億上兆個稍微有些不同的基因體，每一類各自由體內各個細胞攜帶。

每經過一輪基因體的複製，就累積了一些錯誤；這類似中古時代的手抄本書籍當中的變動。這些書每次被重新抄寫，都會不小心製造出一些變化。隨著時間過去，變化逐漸累積，最後可能得出與原意不同的改變。同樣地，經過越多複製過程的基因體，將可能累積更多的錯誤。更糟的是，突變還可能破壞了負責校對與修補基因體的基因，更加快了引進突變的速率。

大多數突變不會造成顯著的影響，就好比把 kingdom 當中的 i 以 y 取代，不會影響該字的辨識與意義。但有時人類基因的突變，會造成一隻眼睛虹彩細胞中的色素出現變化，導致兩隻眼睛的顏色不同。同樣地，幾乎每個人都有胎記，那是由於形成皮膚的細胞在複製時出現突變所造成。

如果說突變是某特定細胞的基因體出現改變，那麼由許多細胞組成的虹彩或一整片皮膚，又如何同時受到了影響？難道說擁有一隻棕眼與一隻藍眼的女孩，其虹彩當

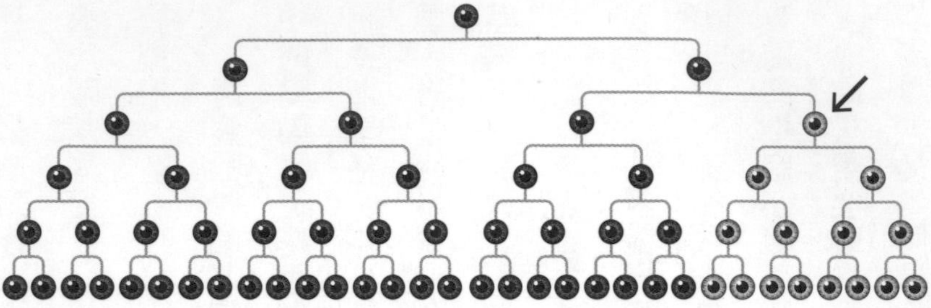

圖 1.4： 顯示細胞親緣關係的家族系譜。位於最頂端的是形成某個虹彩最早的一個細胞。在箭頭處出現了摧毀某個色素編碼的突變，然後遺傳給所有該細胞的子代，造成由這些細胞組成的部份虹彩，帶有較淡的顏色。

中所有上百萬個細胞都出現了同樣的突變？答案來自細胞的親緣關係：如果說該突變發生在發育中的虹彩的頭一個細胞當中，那麼組成該虹彩的所有細胞都會遺傳了該突變（圖 1.4）。

在形成胎記的一片細胞當中，也可以追溯其家族親緣系譜到同樣的一個始祖細胞；該片細胞當中的每一個細胞，都遺傳了其始祖細胞的突變，而有相同的顏色變化，以至於這批細胞聯合形成了與其未突變的鄰居相比，有不同的新的顏色。帶有兩隻顏色不同眼睛的女孩，也是發育中虹彩裡的一個細胞，出現了改變顏色的突變所致。同樣地，帶有焰色母斑（nevus flammeus）或稱酒色斑（port-wine stain）的人，是在他們的血管發育中某個細胞出現突變，導致這些血管有不正常的舒張，造成其周遭的皮膚變成深紅色。

大部分人類基因體的複製，是在母親子宮裡進行的，但還是有許多細胞在人的一生當中持續更新。例如我們的皮膚細胞是以每個月為一週期的方式，由新的細胞取代。當人變老時，改變皮膚色素平衡的突變會愈形增多，因此造成老人斑的出現。

癌細胞的基因體所帶有的突變，會造成比胎記或不同眼睛顏色更嚴重的後果。第一個與癌症有關的突變，是在做小鼠細胞實驗時發現的。在特殊的情況下，細胞可以被修改而在體外存活，持續生活在帶有生長因子的培養液中（生長因子是告知細胞生長的訊息，通常由鄰近細胞分泌）。這種細胞稱為細胞株，對於研究細胞的運作來說，不可或缺。研究人員發現，在某個稱為 *H-Ras* 基因的特定位置上，一個鹼基T被G取代，就可讓該細胞在沒有生長因子的存在下也能生長。這可是個劃時代的發現，顯示某個突變基因發出的錯誤指令，就足以將正常的細胞轉變成癌細胞。

這第一個被發現參與癌症的基因：*H-Ras*，在正常情況下屬於對鄰近細胞分泌的生長因子產生反應的系統部份。由 *H-Ras* 負責編碼的蛋白質，作用類似分子開關：當它經過某種化學修飾而活化時，便會活化其他蛋白，把生長的訊息傳遍整個細胞。由 *H-Ras* 負責編碼的蛋白質，通常只在細胞接受了通知分裂的生長因子時才活化；而

H-Ras 的某個突變可使得該蛋白永遠維持在活化狀態，代表無論鄰近細胞是否傳來訊息，該細胞都會不斷分裂。*H-Ras* 是個具有重要功能的正常基因，但只要一個突變，就能把它變成致癌基因（*oncogene*）。

無論有無生長激素的存在，細胞分裂的次數有一定限制，該數目是固定寫在基因體當中的；只不過該限制可被打破，像細胞株就能不斷地分裂。這些細胞繞過了細胞分裂的限制，也就是為什麼 *H-Ras* 基因的單一突變，就能讓小鼠的細胞株癌化。我們且來看看這種事是如何發生的。

在每條染色體的兩端，接有所謂的複製計數器，可讓細胞大概曉得在其家族系譜樹上進行過多少次的細胞分裂。每條染色體的兩端稱為端粒（telomere，來自希臘語的「末端」），是由下列特定字母序列 TTAGGG 組成，並重複好幾千次，我們可以看一下：

…TTAGGGTTAGGGTTAGGGTTAGGGTTAGGGT
TAGGGTTAGGGTTAGGGTTAGGGTTAGGGTTAGGG
TTAGGGTTAGGGTTAGGGTTAGGGTTAGGGTTAGG

GTTAGGGTTAGGGTTAGGGTTAGGGTTAGGGTTAG
GGTTAGGGTTAGGGTTAGGGTTAGGGTTAGGGTTA
GGGTTAGGGTTAGGGTTAGGG…

當一條染色體進行了複製，其端粒就會縮短一些；當同一條染色體再度進行複製，其端粒會再縮短。端粒每次縮短的長度，是與生俱來存於染色體的複製過程中的：DNA聚合酶這個複製機器要能運作，必須先與端粒末端的一小段DNA相接；這一小段的DNA本身則不會進行複製。因此，在每回進行複製時，端粒末端就會有一小段被落下；這就好比每條染色體都持有一張可多次使用的回數票，染色體每次進入一個新的細胞時，車票就被剪去一格。在經過好幾十次的複製後，回數票的格數將被用完，也就是說端粒完全被消耗殆盡，於是該染色體就不再能進行複製。

沒有端粒的人類細胞，注定是要進行自戕的；這其實是件好事：消耗殆盡的端粒代表細胞的複製不再受到控制，細胞自戕則是保護身體其他部位的保險開關。癌細胞必須要移除這個自戕程序，也就是說，它必須找到重建端粒的方法。解決之道很簡單，就是徵用一種稱作端粒酶（telomerase）複雜的分子機器前來幫忙，該酵素的專長

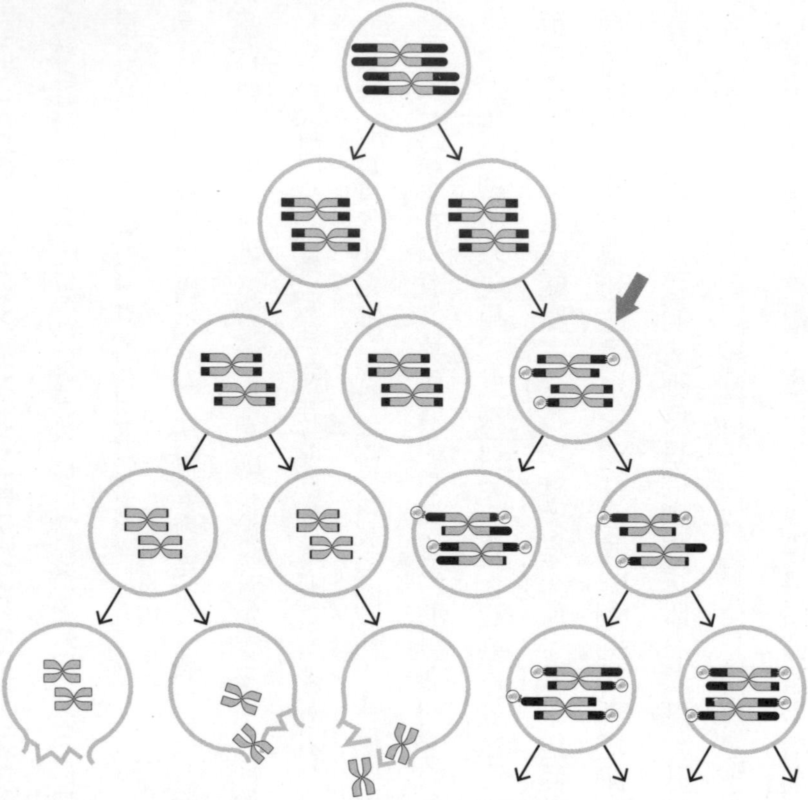

圖 1.5： 位於染色體兩端的端粒，是染色體進行複製時所需的起點。它們會在每次細胞分裂時縮短，直到消耗殆盡；到那時，細胞就會進行自戕。但如果有某個將端粒酶開啟的突變發生（箭頭），那麼端粒將得到重建，該細胞就也能夠持續複製。

就是重建端粒（圖 1.5）。端粒酶是由好幾個蛋白質（或稱次單元 [subunits]）組裝而成，分別由位於好幾個染色體上的不同基因負責編碼。

由於端粒縮短是對抗不受控制的細胞分裂的機制，因此從表面上看，基因體裡會包含推翻這種防禦措施的基因，是奇怪的事；但再往細想，就會發現存在這種推翻機制是有必要的。例如在生產精細胞與卵細胞的過程中，染色體會失去一部份端粒。為了確保人類的下一代是從擁有全長的端粒開始，端粒酶必須重建這些細胞的染色體終端，因為這些終端會在製造精卵細胞時失去。可以說，端粒酶是由鎖與鑰匙控制的；它只在一些具有特權的「不朽」細胞中使用，好比專門用來製造精子與卵子的細胞；但在其他細胞則被去活化，否則會讓它們變成癌細胞。

在此複習一下，人體每個細胞都帶有相同的基因體；負責製造端粒酶的基因本來就存在於每個細胞，它們就像被動的旁觀者一樣。若想要引發癌症，需要的是某個啟動端粒酶的突變。在 *TERT* 基因開頭的正確位置出現突變，就能辦到這點；*TERT* 基因負責製造的是組成端粒酶的重要次單元。組成 *TERT* 基因的部分字母帶有製造端粒酶次單元的建構指令。活化端粒酶的突變並沒有改變這些指令；反之，該突變修改的

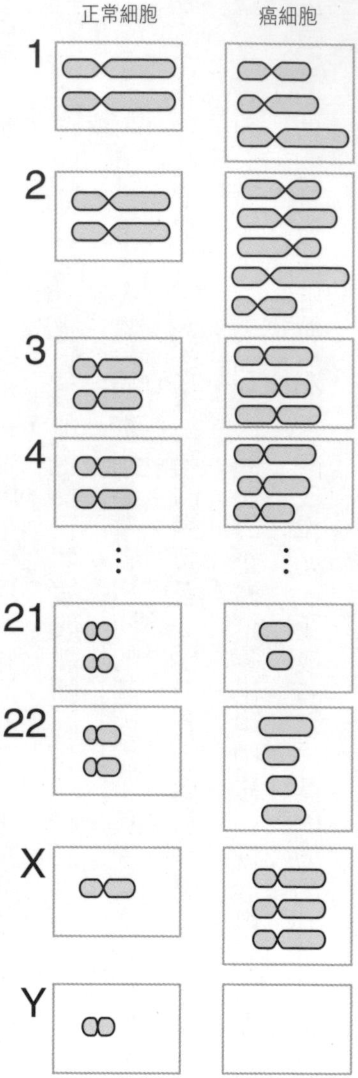

圖 1.6：某個正常細胞的一組染色體（圖左）與癌細胞的（圖右）相比較。癌細胞染色體的無組織狀態，大部分是在端粒酶基因被開啟前，由端粒縮短導致的不穩定所造成。

一組字母，構成了一個專門負責基因調控的分子開關。雖然這些字母通常限定端粒酶只在某些細胞開啟，例如精子的前驅細胞，但一個突變就可以改變這個開關，使得端粒酶在癌細胞當中製造。端粒酶在差不多百分之九十的癌症中遭到活化，其餘的癌症則使用了另一種方法來穩固它們的端粒。

端粒保護了染色體的兩端，否則它們會黏在一起。等到某個細胞出現打開端粒酶的突變，其端粒已經被消磨殆盡，染色體也集結成一團。這也就是我們在顯微鏡下觀察癌細胞時，會發現它們帶有不規則染色體的原因（圖 1.6）。

癌細胞的「願望清單」

H-Ras 與 *TERT* 端粒酶基因的突變，只不過是促使癌症出現的許多突變當中的兩個例子而已。造成癌症的真正突變，隨癌症種類與病人不同，而有相當大的不同，但其作用可以分門別類成一組重複出現的特質。這些由癌症研究人員漢納罕（Douglas Hanahan）與溫伯格（Robert Weinberg）提出的特質，被他們稱為癌症的典型特徵（hallmark），而著名於世。其中每個特徵都描述了突變推翻身體防禦措施的一種方式，這些防禦措施都是為了避免細胞出現不受控制的生長。

1. **自行供應生長訊息**。成年人體內的細胞，只有在接收到鄰近細胞分泌的生長因子刺激下，才會分裂；這有點像是順應同儕壓力。細胞要想癌化，必須叛變：細胞必須自行供應進行複製的指令。*H-Ras* 的突變就屬於這個範疇。

2. **忽視對抗生長的訊息**。細胞同時也接收了來自鄰居的停止分裂訊息；癌細胞必須對這些訊息視而不見、聽而不聞。

3. **不朽**。經由縮短端粒酶，基因體限制了細胞連續分裂的次數，癌細胞則有必要推翻這個機制。*TERT* 基因突變負責了大多數這一種類型的突變。

4. **逃避細胞自戕**。細胞的機制，是能夠感知到極端的錯誤，當極端錯誤發生時會啟動一系列事件，最終導致自身的毀滅。癌細胞需要逃避自戕，因此必須移除這個機制。

5. **逃避免疫破壞**。免疫系統的任務之一，是在癌細胞散播前，將其找到並摧毀。如果腫瘤想要存活下來，就必須逃避免疫系統的偵測。

6. **貪婪的消耗能量**。不受控制的細胞複製必須有相對應的能量供應。癌細胞會轉變模式，以更迅速的方式從醣類擷取能量；但同時也變得更浪費，增加身體其他部位的負擔。

7. **吸引新的血管**。細胞使用血流來接收不可或缺的氧。如果細胞持續分裂，卻不為子代細胞找好氧的供應，那麼新分裂生成的細胞將會挨餓。癌細胞需要引導附近的血管朝向它們生長。

8. **入侵身體遠處部位**。當癌細胞找出方法離開原始所在，滲透身體新部位，並建立中繼站時，也就是它們變得最危險的時候。

這些特徵是逐漸累積的，只有完全成熟的癌細胞才會表現出所有這些特徵。問題是，這些特徵是如何累積的呢？單一個 *H-Ras* 突變就能使小鼠細胞癌化的事實，似乎與八種癌症特徵不相符，同時也與癌症的進展緩慢不符，因為癌症通常要花好幾十年才會出現。

癌症顯然是老年人的疾病。一位七十歲老人與十七歲年輕人相比，有超過十倍的可能性出現惡性腫瘤。關於癌症發育緩慢的範例之一，是抽菸人口的增加與肺癌的關聯。在一九二〇年代，全美的香菸消費量每年增加了一倍，而肺癌的發病率也有近乎平行的增加，只不過延遲了將近三十年。

如果說單一個 *H-Ras* 突變就足以在小鼠的細胞株中引起癌症，那為什麼人類癌症通常要花許多年時間發展、並要經過好幾個階段呢？這個看起來是個謎團的答案，就在於最早用來做實驗的小鼠細胞身上：它們並不是正常的細胞。實驗室裡使用的細胞很少是正常的：為了讓它們不朽，好持續在培養皿裡生長，研究人員必須用點小伎倆。這些使倆不可避免地都包括基因體當中的特定改變，例如避免端粒的縮短。研究人員到很晚才發現，用於最早實驗的小鼠細胞已經是瀕於癌化邊緣，就差一個步驟而已，也就是 *H-Ras* 基因的突變。對正常人類細胞來說，要變成完全成熟的癌細胞，前述八個特徵的突變必須全部依序完成。

叛變的基因體

癌症的根源在於每個細胞擁有的資訊，遠遠超出細胞為了執行其功能所必須擁有的資訊。由這些資訊賦予每個細胞的能力，可能導致災難性的故障。如果說這些訊息由於突變而遭到稍微地扭曲，讓細胞在不該分裂的時候分裂，又或者讓其子細胞與孫細胞繼續不斷地分裂，就會顛覆了身體的平衡。

所有的癌症都是始於細微處，從單一個誤入歧途的細胞開始的；即溫柏格所言：「一個叛變的細胞」。但實際進行叛變的是基因體，不是細胞。任何一個細胞都只有短暫的生命史，總加起來的重要性也不大；超越細胞生命的是它所攜帶的基因。

組成細胞的分子會隨著時間長久而分崩離析，但基因可能長存。基因的本質是資訊，在細胞間代代相傳。我們身體細胞中，每個基因體裡攜帶的所有基因的命運，都休戚與共。這些基因的興與衰同步進行，成功與否密切仰賴它們之間的合作。癌化的基因體是其中少數基因出現突變，打破限制細胞分裂的法則，讓它們擁有（短暫）的不正當優勢，因而走上岔路。

沒有哪個單一突變可以讓一個基因體變成完全成熟的腫瘤。一如幾乎所有體內的反應，癌症也需要基因體中許多基因以團隊的方式運作。邁向癌症的八個步驟，每一個都推翻了體內的一項獨立防禦機制。我們可以來看看，某個基因體要累積所有這八個突變，機率會有多大。例如，出現推翻「防止端粒酶活化保護機制」的突變機率有多高？假定有十種左右的突變都可以達成此目的，同時在一次細胞分裂中，一百億個鹼基裡可能有一個出現突變，那麼出現一個推翻該防護機制的機率約是十億分之一。因此，要讓同一個基因體的複製過程中出現所有八個突變的機率，是十億自乘八次，也就是十億乘十億乘十億乘十億乘十億乘十億乘十億乘十億分之一。這個機率等於連續九次中樂透頭獎那麼低，所以我們可以放心地假定，那不會出現在自己身上。

雖說出現的機率非常低，但還是有人罹患癌症，所以問題是：身體所有的這些防禦機制是怎麼樣淪陷的呢？其秘密在於叛變的基因體以一次走一步的方式緩慢變化。基因體要同時取得所有突變、成為完全成熟的癌細胞，是極度不可能的事；但要體內某個細胞的基因體出現推翻身體一項防禦機制的突變，卻是不難。由於人體攜帶了好幾十億個近似（不完全相同）的基因體，其中已經存在許多不同的突變；細胞每次再度分裂，就可能在新形成的基因體裡引進一個突變。只要想想有那麼多的突變發生，因此在某個時刻，某個基因體在某個錯誤的地方出現一個突變，也幾乎是不可避免的事；於是該細胞離癌化又接近了一步。

每一次出現這樣的突變，局面就有所改變。重點是：雖然基因體需要集結所有的癌症特徵才能變成完全成熟的癌細胞，但每取得一項特徵，就足以造成重大改變。叛變基因體只要擁有這些特徵當中的一項，就可能因為該突變而分裂得更快。例如突變降低了細胞對鄰近細胞分泌的生長因子的依賴，因此要比其親友基因體生長得更快。一旦細胞不需要鄰居的許可就能開始分裂，那它很快就能衍生出數以百萬計、帶有相同基因體的細胞株來。這種細胞數量的改變，促使了下一階段的進行。一旦有數以百萬計的相似叛變基因體存在，其中之一取得邁向癌症的下一個突變的機率也就會增加（圖 1.7）。於是，在這數以百萬計的叛變基因體中，有可能出現帶有成熟癌細胞所需八個突變裡兩個的基因體。當那發生後，第二道防線也就失守。

帶有兩個癌症特徵的基因體，將會更容易進行複製：它們要比帶有單一突變的基因體分裂得更快。等到這種帶有雙重突變的細胞子代也累積到百萬以上的數目時，其中出現下一個突變的機率也將再度增加。這個過程持續進行下去，直到身體全套的防禦機制都被推翻為止。

這就是為什麼癌症需要花那麼長的時間才得以建立的理由，也是為什麼及時發現癌細胞的前驅細胞（當它們帶有兩個、三個或四個突變時），

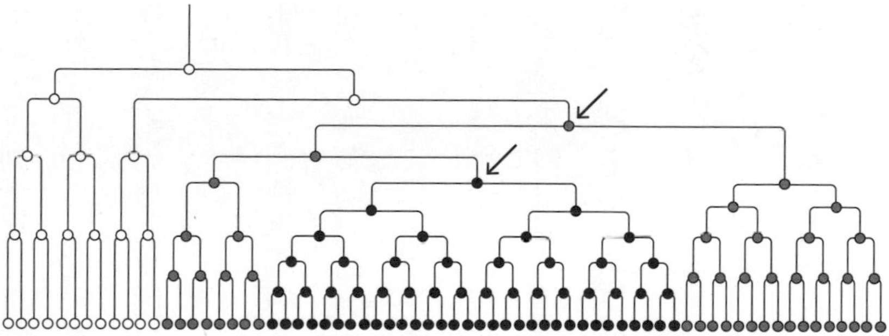

圖 1.7： 癌症如何以一次走一步的方式演化。時間從上方（這株細胞世系的第一個始祖）往下方（所有現存的後代）走；每個箭頭代表一次讓細胞分裂速率加快（與其他細胞相比）的突變（可從突變後的分支樹產生後代的速度加快看出）。隨著時間過去，這個快速分裂細胞生出的子代，數量會變得夠多，使得發生新突變變得可能。新的突變將再度加速細胞分裂，同時這個循環會重複，直到有個細胞完成了變成成熟癌細胞所需的所有步驟。

可以防止癌症的理由。許多叛變的基因體深藏在身體內部，等到發現時為時已晚。但有時叛變的細胞從身體外表就可以看到，好比鮑勃馬利腳趾頭下的增生。曉得及時發現的重要性，就可能挽救鮑勃馬利免於早逝。移除皮膚的癌細胞是制止腫瘤進一步演化的唯一方法。同理，雖說胎記一般無害，但有一半的皮膚癌是從原有的胎記發展而來。面積擴大的胎記，可能代表該處細胞已經取得了某些讓它們轉變成癌症的突變。因此當有這種情況發生時，醫生通常會建議將胎記移除，以作為防範措施。

癌症的一步步進展，利用的法則不是別的，就是負責所有生物適應生存的天擇。天擇改變了花，使得花更吸引蜜蜂或蜂鳥；因為天擇，讓細菌演化出抗藥性以抵擋抗生素；天擇也讓飛蛾採用不同的顏色，好讓牠們融入變化的環境。達爾文是頭一位意識到，生物在一代代出現的變化，根據的就是這個法則。從身為博物學家的經驗，讓達爾文得出所有現存生物都互有關聯的洞見，就好比一棵大樹許多分支上的葉子一般。達爾文最大的成就，在於他清楚描述了天擇美麗且簡單的邏輯。他的傑作揭示了物種如何適應的機制。我們可以不誇張地說，所有生命世界裡的奇妙，都是由天擇的過程所孕育出來的。

達爾文是經由研究動物與植物才悟得天擇原理的；今日，我們可由觀察細胞及其基因體看出相同的理論。如果達爾文能從顯微鏡下觀察癌細胞的話，他也會得出關於天擇理論的證據，一如他從研究完整生物所得出的一樣多。天擇是普遍的法則，只要一個群體的成員在遺傳基因層面具有差異，同時這些差異影響了它們留下子嗣的機會。這些個體必須同屬一個共同演化的群體，或更準確地說，屬於同一族群。一個族群可以是一整個動物物種（達爾文所研究的）、人體當中所有的細胞（癌症的例子），甚或是試管中能自我複製的簡單分子。

達爾文提出天擇作用於某項特質（例如細胞決定分裂時、仰賴鄰居發出訊號的程度）的條件，包括：一、在族群中具有個體差異；二、可以遺傳；以及三、可影響適應性。按演化的說法，適應性代表著短期的生殖成就，也就是相對於族群的正常值而言，有更高的繁衍速率。如果上述三個條件都符合了，那麼隨著時間過去，帶有高適應性的細胞（產生比平均值更多後代者）所佔的比例將增高。具有較高生殖成就者（亦即適應性更高者），終究會接管整個族群，這是邏輯的必然性。

在一個細胞族群中，絕大多數的細胞都會等到鄰居傳來分裂的訊息後，才開始製造子細胞，但有少數卻非如此。我們已經談過，這種差異是寫在基因的編碼當中，並且還可以改變，好比 *H-Ras* 基因的突變。由於具有該突變的細胞會產生更多的後代，最終它們會主導周遭的細胞族群。癌症會根據天擇的法則而進展，除非其他細胞找出阻止叛變細胞分裂的方法，例如引導它們的身體去見醫生，把叛變的細胞除去。

除非天擇的三個條件都符合，否則癌細胞不可能發展。如果每個細胞都一模一樣，那麼族群的組成就不可能改變；如果細胞複製的速率不同，但這種差異是不可遺傳的，那麼快速分裂的細胞也不會隨著時間而變得更多。如果細胞的差異是可遺傳的，但該差異與適應性無關，那麼族群的組成也不會隨著時間而有系統性的改變。

當然啦，細胞相互競爭這個天擇的固有特質，對整體生物來說並無好處；長期而言，對癌細胞來說也沒有好處。癌細胞會隨生物一起死亡，引起癌症的突變基因也不可能進入人類的下一代身上。基因被限制在癌細胞當中，不可能進入精子或卵子（睪丸可能出現癌症，但推動癌症演化的多重突變使得睪丸不可能生成具有功能的精子）。雖說人類癌細胞的短壽命運沒有例外，但動物的癌細胞卻有稀罕的例子，能超越它們演化生成的個體：在最早馴化的狗身上演化出來的腫瘤，其後代細胞仍存活在今日某些狗的皮膚上，經由親密接觸從一隻狗傳給另一隻狗。

在生物學上，成功是以長期存活來作為判斷標準的；成功的基因，是至今仍然存活、並持續複製自身備份的那些。根據這種說法，如果我們把非常稀罕的例外（也就是可轉移的腫瘤）除去，癌化生長對任何基因來說都沒有長遠的好處，隨著身體的死亡，突變基因的成功也就嘎然而止。但天擇的邏輯是短視的；由於身體細胞集體滿足了天擇的要求，癌症的發生與演化也就幾乎不可避免。說來讓人難過，只要人活得夠久，癌症的出現只是時間問題罷了。

天擇並不是癌症演化與物種演化之間唯一相同的事。生物學家孔伊（Jerry Coyne）對生物演化的描述是這樣的：「地球上的生命是從三十五億年前某個原始物種（可能是個能自我複製的分子）逐漸開始演化的；然後該物種隨著時間過去而出現分化，生出許多新且多樣的物種；同時天擇是大多數（不是所有）演化改變的機制。」這句話扼要地抓住了演化的五項原則：一、物種會改變；二、物種間彼此相關；三、改變是逐漸的；四、許多改變的機制是天擇；以及五、不是所有演化改變的原因都是天擇。

這些原則最初是用來形容物種的演化，但於癌細胞在生物細胞族群中的演化，也一樣適用。我們體內的細胞在代代相傳之際，累積了基因的變化（原則一：有改變發生）。我們每個人都由細胞組成，而且所有的細胞都是單一細胞（受精卵）的後代，帶有同一組基因。在癌細胞，控制某個叛變細胞株的基因體開始根據自己的行程前進，放棄與身體其餘細胞的合作。相對於非癌化細胞而言，這群細胞的分支可以看成是新「物種」（原則二：共通的後代）。不過沒有哪個單一突變可以把完全健康的細胞轉變成癌細胞；反之，叛變的基因體以一次一個的方式緩慢累積變化（原則三：演化逐漸發生）。由某個細胞株所佔據的身體部分，會因突變而改變，突變並可遺傳；因為癌症前驅細胞會分裂得更快，勝過它們循規蹈矩的鄰居（原則四：天擇）。不是所有的基因體改變都與細胞功能或細胞複製有關，因此，某些改變單憑機率就可能在族群中變得常見（原則五：隨機變化是存在的）。

我們在本書中談到基因時，好似它們有意識存在，並擁有意圖；當然啦，它們並沒有。基因就只是一段段的DNA，由原子組成的複雜構造。但當我們檢視基因的特性及其結果時，就好似基因的作為在保證它們自己的存活。這是因為基因的演化就像所有的生物一樣，受到天擇邏輯的必要性所驅動。例如，當我們寫道：「癌症基因的目標，是取得不正當的優勢」，這只是種簡略的表達，實際的意思是：「促使細胞生長率增加的原致癌基因突變，會讓攜帶該突變的細胞在身體當中所佔的比例增多。」擬人化的說法提供了我們在討論過程中，有個方便的簡略說法。雖然這種說法有助於我們直觀地理解天擇，但不應忘記簡略說法後面的完整敘述。

進一步、退一步

癌症不會從父母傳給小孩。促進癌症的基因版本，在身體當中除了精子與卵子以外的細胞中演化。精卵這些細胞擁有它們自己的非癌化基因體，保證癌症不會直接從父母傳給子代。但在某些特定的細胞中，奠定邁向癌化步驟的突變，卻可以遺傳。

例子之一是乳癌。乳癌與破壞兩個基因的突變有關：*BRCA1* 與 *BRCA2*（*breast cancer gene 1&2*）。從父母遺傳了這種突變的女性，在一生中有百分之八十的風險演化出乳癌或卵巢癌。*BRCA1* 與 *BRCA2* 共同運作以修補受損的染色體，並在染色體破壞至無可修復的地步時，啟動細胞自殺程序。這些基因如出現突變，顯然會引起細胞功能的改變，讓細胞更容易逃避自殺，於是就建立了癌症的特徵之一。目前還不清楚的是，為什麼這些基因備份遭到破壞時，只在乳房及卵巢引發癌症，但我們知道，任何遺傳了這種突變的女性，在一出生就已經踏出了邁向癌症之路的第一步。

再來，為什麼癌細胞的基因體需要取得正好八個特徵呢？為什麼人在四十歲之前，身體似乎擁有足夠的的防禦措施，可以擋住大多數的癌症呢？這一點好似基因體建立了數目剛好的防禦措施，可以推遲癌化腫瘤的演化，直到人過了生殖年限以後。實際的情況可能正是如此：癌細胞發生必須克服的八道防禦，是人類祖先經由天擇演化出來的。如果對抗癌症的系統效率沒有那麼好的話，那麼癌症會在人類二十及三十幾歲時，就奪走更多人的性命，那也是人類整個演化過程中，產生最多子代的年紀。我們可以想像一下，在人類物種的長遠歷史中，確實有某個階段擁有較少的防禦措施來對抗癌症的發生；但其中有位女性帶有某個突變，可以提供更好的癌症防禦措施，於是這位女性能夠推遲癌症的發生，直到過了她最佳生育年齡之後，她也就能夠產生更多的子嗣。於是，天擇的三項要求：變異性、遺傳性與生殖成就，就此達成。隨著時間推移，這種較好的癌症防禦系統，也就會傳遍整個人類族群。

然而在前工業時代以及抗生素問世之前，沒有多少人能活到癌症完全演化成熟的年紀；同時在這些人死亡以前，大多數的生殖工作也已經完成。因此，從天擇的觀點來看，並沒有什麼強烈的「需求」去擁有比現有更強的防禦系統。也就是說，沒有天擇會去推動人類第九道防線的演化。

我們可以拿裸鼴鼠的例子作為有趣的對比。一般來說，小動物只能活上幾年，但這種生活在東非的齧齒動物，壽命卻長達三十年，與牠們體型相似的表親家鼠相比，高出十倍以上。以相對數字來說，裸鼴鼠的長壽就好比發現有某個壽命長達六百歲的猿類物種。

經過多年來的觀察研究，目前沒有在裸鼴鼠當中發現過一個癌症病例。反之，在小鼠身上進行過許多癌症研究，牠們也使用與人類相同的八項癌症防禦措施。因此，裸鼴鼠能活到《聖經》上記載的高壽而不罹患癌症，要麼是牠們強化了現有的防禦措施之一，或者是牠們碰巧取得了第九道防線。了解裸鼴鼠如何解決罹癌風險的方法，未來或許能提供新的癌症防治之道。

演化不是什麼抽象或古老事件，它隨時隨地都在發生，甚至就在你我的身體當中。也就是因為這一點，我們才會罹患癌症；但那並不是說我們一定就會死於癌症。由於癌症是如此常見且嚇人，因此癌症研究是生命科學中最顯著、且最先進的研究領域，定期都有針對特定癌症的新療法出現。某個稱作免疫療法的新發展，可能成為一項通用的突破。該療法運用了身體自身的防禦系統，來擊退源自個體自身細胞的特定癌細胞株。我們可以預見在不久的將來，癌症可能會像愛滋病一樣，變成一種慢性病；那也就是說，對於能接受最先進醫療照護的人來說，愛滋病已經不那麼可怕。可能握有強力抗癌療法關鍵的免疫系統，就是下一章的主題。在這樣的脈絡下，我們也把基因社會這個類比，當作是一項了解演化的工具。

第二章

你的敵人怎麼決定了你

只有膚淺的人，才不以貌取人

——王爾德（Oscar Wilde）

一九九三年，六位麻省理工學院的研究生帶著打敗賭場的計劃，走進一家拉斯維加斯賭場。他們在一張玩二十一點的賭桌坐下，用上十八世紀以來就有人使用的欺騙伎倆：數牌。這些學生為了要增加他們的勝算，就想辦法找出什麼時候該張賭桌變得「熱門」，也就是說沒有出過的人頭牌（KQJ）還有多少。其中五位學生下了小賭注，他們各自在不同的賭桌上數牌，第六位學生則站在旁邊。當數牌者的紀錄顯示該張賭桌變得熱門時，他就發出信號給第六位學生，於是該位學生就會在那桌找個位置坐下，並開始下大賭注。這六位學生在好幾家賭場使用了這套伎倆，贏了三百萬美元。

賭場是不允許使用這種數牌策略的，因為會讓賭客佔了不公平的便宜。至於賭場也與時俱進，發展出越來越精密複雜的對抗策略，以偵測數牌者，並將他們列入黑名單。最簡單的策略，就是不讓曾經被抓到過一次的騙子再進賭場。對賭場而言，「騙我一次，是你不要臉；騙我兩次，是我丟臉。」在過去，賭場的警衛負有偵查列入黑名單騙子的責任；今日，大型賭場使用的是配合臉孔辨識電腦軟體的攝像監控系統。

我們可以把賭場及其誠實的顧客看成是一個鬆散的社會；騙子則嘗試剝削利用這個社會。想要降低被騙之道，在於如何建立防線。社會要保護自己免於被剝削利用，就必須分辨自己人與外人。負責保護體內寶貴養分不受病原菌利用的免疫系統，也必須分辨朋友與敵人。免疫系統在很久以前就受到天擇力量的推動，演化出這種方法；讓人吃驚的是，它所使用的方法，與讓癌細胞複製的過程是相同的。

基因社會

在本書中我們要強調的是：把組成基因體的基因看成一個社會，是最好的方式。人類的基因體包含有兩萬個基因，其中每一個都是執行一或多項任務的專才。基因必須合作，才能夠建立並運作一個良好的身體，以便複製自身。這種功績需要複雜的組織，以及仔細協調的分工合作。但要是因此下結論說基因的共同存在，就代表基因的和睦相處，那可是錯誤的。

雖說每個人的基因體基本上都帶有同樣的一組基因，但這些基因本身卻不是完全一樣的。由於突變，基因帶有各種版本，稱之為等位基因（alleles）。例如，某個基因的第四個位置，在人類族群中半數帶有鹼基C，另外的一半則帶有G。這兩個由單一字母區分的等位基因，可能執行著稍微不同的功能：帶有字母C的等位基因要比其競爭者功能強些，因此過了許多代以後，帶有G的等位基因就會慢慢地淡出舞台。

基因類似人類社會經濟的一個特殊分支（例如麵包店、藥局，或DIY商店等），不同的等位基因彼此相互競爭，就好比不同的麵包店互相競爭一樣（圖2.1）。

如果說麥克家的點心店做出了全鎮最好吃的牛角麵包，那麼他的生意就會越來越好，而他的一些競爭對手就有可能開不下去。

基因社會是所有基因的全部等位基因的集合，這些等位基因會出現在某個族群的基因體中的每一處。我們自身的基因體，是存在於四十六條染色體上的等位基因，代表著建立以及運作我們身體的完整指令組合。等位基因可以有數不清的方式

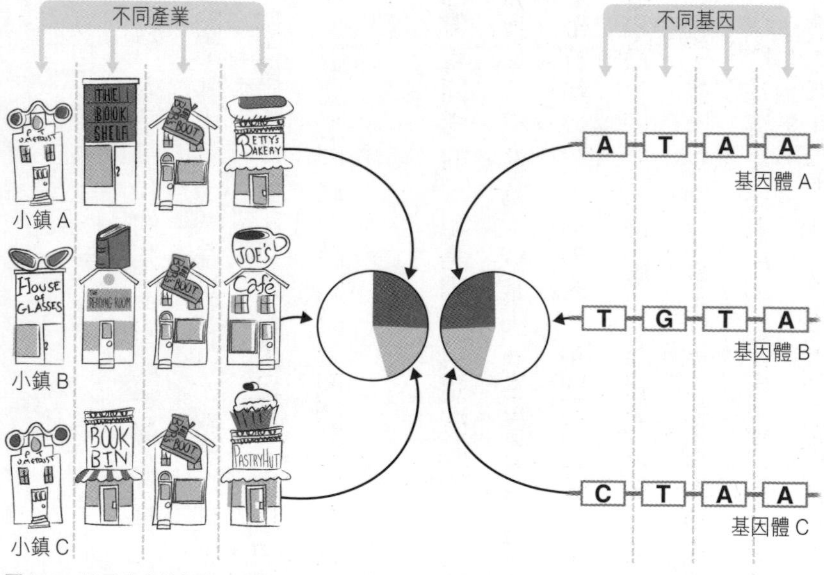

圖 2.1： 基因社會的類比。圖左是在不同購物中心的三排店面，每一直排的店面代表了零售業中的一種生意，例如眼鏡行、書店、鞋店，以及糕餅店。有些店面，例如鮑伯鞋店（Bob's Boots），要比其他家店面更成功，這點可從其店數看出。位於糕餅店旁的圓形圖，顯示了各家糕餅店的市場占有率。圖右是三排位於不同人基因體當中的等位基因，以方塊表示，並以其代表性的突變分辨彼此。有些等位基因，例如位於最右邊基因的 A 等位基因，要比其他來得成功。圓形圖顯示了位於最左邊基因的三個等位基因，在所有人類基因體當中的相對出現頻率。

來建立人體，就如我們曉得人之不同，各如其面（許多差異都是由可遺傳的基因造成）。某個等位基因的地位，由其在社會上的顯著程度來決定：有更多的人類基因體攜帶某個等位基因，我們就會認為該基因更成功。

一如汽車製造商仰賴其供應商的穩定交貨，每個等位基因的存活，取決於同儕的正常運作。等位基因進行競爭的環境，是由社會的其餘部分所形塑的。例如，兩個基因可能聯合起來建立一個特別的分子機器；這些合作基因中的兩個等位基因，可能合作得特別好。這些基因形成同盟關係，透過基因所在個體的存活，以推動它們的共同成功。這讓人想到不同生意之間的利益安排，例如特定咖啡店與連鎖書店之間的關係。基因社會當中基因之間的複雜互動，及其提供對生命的洞見，就形成了本書的中心主題。

談到發生在我們體內的演化，例如第一章舉的癌症例子，以及本章所談免疫系統對病原菌的適應，我們看到的是短期的演化。這些過程告訴我們，基因之間的重要功能性關係，但我們並沒有真正看到基因以一個社會的方式演化。那是因為在我們體內，新細胞總是從既有的細胞生出，遺傳了與母細胞基因體完全一樣的備份。從基因的角度而言，身體並不重要，因此，我們若想知道基因社會如何運作，就必須看長期的演化。

基因社會是演化發生的所在；個別的基因體來來去去，但體現演化改變的，是在億萬年來逐步成功以及失敗的基因。管理社會的法則是什麼？等位基因不是利他主義的理想主義者，只要某個等位基因能增進其攜帶者的生殖成就，天擇就會獎勵該基因，增加它在基因社會的流行程度（也就是「市場占有率」）。因此，每個等位基因在與其同儕合作之際，同時「致力」於自身的利益；這點彰顯了亞當·斯密的理論：只要有合適的導引，利己將會造成最大的公共利益。

當細菌心生嫌隙時

當體內的免疫系統瓦解時，我們就只有任憑敵人處置；這也是為什麼後天免疫缺乏症候群（acquired immunodeficiency syndrome, AIDS），也就是愛滋病，那麼危險的理由。引起愛滋病的人類免疫缺乏病毒（HIV）所存身的人類細胞，是負責保護身體免於病原菌入侵的免疫細胞。HIV是為了自身利益而操弄了那些免疫細胞，由此造成的後果，是受害人的免疫系統不但無法對抗HIV，同時也因為變得太弱，而無法抵擋健康人輕易就能對付的許多威脅，包括細菌與黴菌感染，以及癌症。

從HIV到引起普通感冒的所有病毒，在自我複製的遊戲上，都精於欺騙。細胞要自我複製，需要經過複雜且精細的過程，但病毒卻有捷徑可走。病毒缺乏進行自我複製所需的基因，卻不勞而獲地利用其他生物的基因社會存活。病毒經由汙染的食物（引起腸胃炎的輪狀病毒）、飛沫（引起普通感冒的鼻病毒），或經由體液交換（引起愛滋病的HIV）進入我們身體。然後病毒會把自己貼在我們體內某個細胞上，並將它的基因體送進細胞內，開始劫持該細胞的裝備，讓它們轉而製造入侵者病毒的基因備份。等到病毒基因體的複製過程把該細胞所有的資源都消耗殆盡時，成群的新合成病毒就開始了大逃亡。這些病毒對於被它們劫持的母細胞可是沒有半點感情用事，許多病毒會把母細胞撐破而將其殺死。由此釋放出來的病毒，有些會找到新細胞進行傳染，重複它們經由破壞而達到散播目的的循環（圖2.2）。

細菌同樣也會遭受病毒的攻擊。細菌由單細胞組成，是只帶有一套基因體的微小

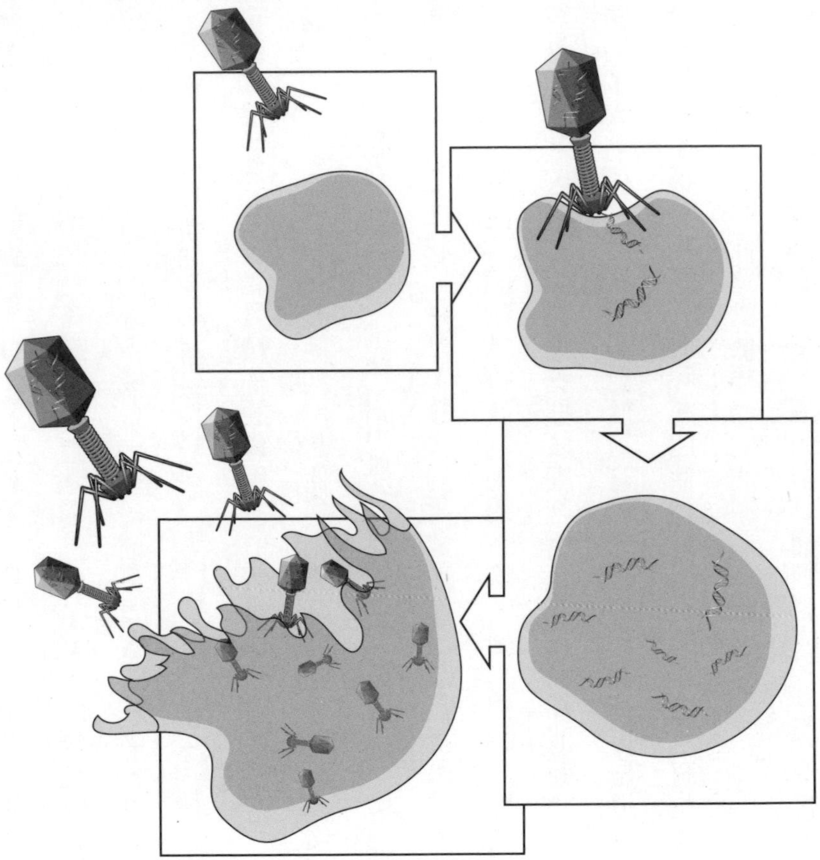

圖 2.2： 病毒的生命史。病毒會把自己貼附在細胞上，把基因體注入細胞中，然後指揮細胞內裝置製造病毒的備份。一旦大量的病毒組裝完畢，細胞將會破裂，將病毒釋放出來。

生物。細菌的細胞結構與人類細胞類似，但體型小得多，構造也簡單得多。如果我們把人體細胞想成是一間隔成許多房間的公寓，每個房間各有不同功能（廚房、臥室、客廳），那麼細菌就像一間狗屋。細菌的基因體一般包含二到四千個負責蛋白質編碼的基因，是人類基因數目的五分之一到十分之一。最早的細菌基因體定序是在一九九五年完成的，迄今已有好幾千種細菌的基因體完成了定序。

許多細菌的基因體包含了一個看似奇怪的構造，那是一段由三十個左右的DNA字母組成、並重複多達一百次的區段。這個重複區段占了細菌基因體的百分之一，幾乎呈迴文形式（palindrome），也就是從正反兩方向讀，序列幾乎都一樣。細菌基因體當中的這種重複區並非彼此相連，而是由長度從二十五到四十個字母的區段分隔，最早發現這種構造的人，把這種分隔區段就隨便稱為「間隔區」（spacer）。

好多年來，沒有人知道這些「重複區—間隔區—重複區—間隔區—重複區—間隔區—重複區……」的區段有什麼作用；由於細菌通常會把它們用不上的區段丟棄，因此這些區段必定有其用處。研究人員把這些區段命名為「常間迴文重複序列叢集」（clustered regularly interspaced short palindromic repeats, CRISPR）。我們對這個異常區段的認識有所突破，並非來自那些明顯重複的區段，而是仔細檢視那些看似無用的間隔區得出的。間隔區的字母序列與已知的病毒基因體序列常有相同之處，問題是為什麼細菌的基因體會包含片段的病毒資訊、並仔細安排在重複區之間呢？

結果發現這些病毒基因片段，其實是細菌給過往的入侵者拍的大頭照，就好似在賭場展示的作弊者相片一樣（圖2.3）。細菌利用這種資訊，來辨識並消滅與之前的侵犯者類似的入侵者：當有曾經接觸過的病毒近親再度侵犯它們時，就可以有效地進行免疫防禦。細菌

圖 2.3： 如同警衛憑藉對照一組大頭照，來防止嫌疑犯進入一樣，細菌會把潛在入侵者的基因體與過往入侵者的基因體相比；後者的資料存在 CRISPR 間隔區當中。

這種對抗病毒的免疫力，顯示了基因社會如何定義其邊界：細菌維持著一個非我族類的資料庫，當它偵測到之前不認識的敵人時，就會給入侵者照張相，納入自己的基因體。

當研究人員用某種病毒感染一群不幸的細菌時，大多數的細菌會因此而死（圖2.4）。如果我們比較死去細菌與存活細菌的基因體時，通常兩者只會有一處不同，也就是在存活細菌的 CRISPR 區域多了一個間隔區以及重複區；新的間隔區與入侵病毒的一段基因是完美的互補鏡像。增加的間隔區要歸功於某個專門負責將一段病毒DNA納入 CRISPR 構造的基因。只有少數幾個細菌能及時做到這一點，這也是為什麼大多數細菌會被快速複製的病毒給清除的原因。

細菌拿病毒的快照與可能有害的威脅來比較的做法，使用的是將一條染色體的兩股DNA結合在一起的作用力。讀者還記得DNA鏈是由數以百萬計的字母組成，也就是A、T、C與G四個鹼基。這四個鹼基的分子形狀就好像拼圖的碎片，腺嘌呤（A）被胸腺嘧啶（T）的化學力吸引，胞嘧啶（C）則與鳥糞嘌呤（G）產生化學吸引。同樣的配對法則也適用於另一種稱為核糖核酸（ribonucleic acid）的類似分子，

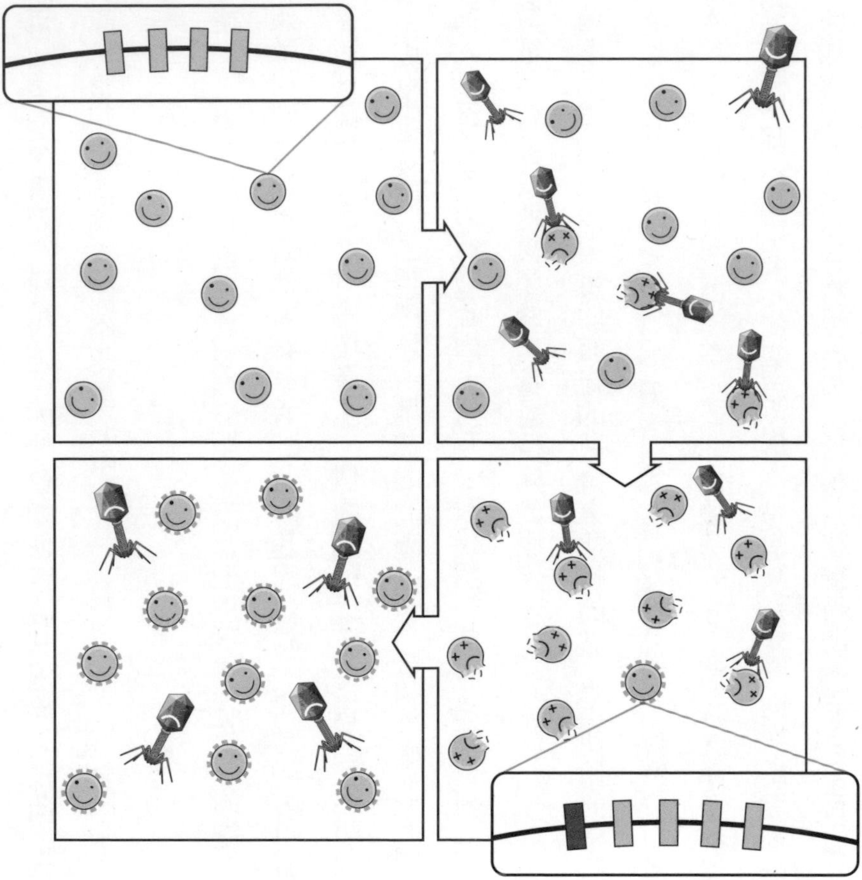

圖 2.4： 經病毒侵犯前與後的細菌 CRISPR 區。某病毒攻擊了某細菌族群，除了一個細菌外，其他細菌都被病毒殲滅。存活的細菌把一段與病毒基因體互補的 DNA，納入自己的 CRISPR 區。這種整合使得細菌能夠摧毀該病毒的 DNA，因此得以對該病毒免疫。該存活細菌的子代也因為遺傳了這份免疫力，而得以興盛繁衍。

或稱RNA；除了在RNA當中，T被類似的尿嘧啶（U）分子取代。RNA是暫時用來儲存資訊，當作製造蛋白質的模板。有些病毒的基因體是由RNA，而非DNA組成。如果我們把單鏈的DNA及／或RNA放進試管，將會發現它們會彼此碰撞，並與互補的鏡像分子黏在一起，形成雙鏈的DNA或RNA。

細菌利用這種鏡像吸引原理來對抗入侵者病毒。細菌將間隔區及其基因體的重複區複製成單鏈的RNA分子，在細菌四周巡邏。這種RNA分子的每一個，都能與碰巧出現在附近的互補病毒基因體結合（圖2.5），由此造成的雙鏈分子將吸引特殊的蛋白質前來，將它們分解成碎片。

CRISPR之所以在生命科學界出名，理由並不是因為它形成了細菌的後天免疫系統。當CRISPR系統在記住某個新病原菌時，會把一段特定的DNA序列插入基因體當中某個特定位置。這種功能被改造成一種極為有用的研究工具；利用這種工具，我們就能夠編輯基因體，例如去除特定的基因，然後觀察少了它們會有什麼後果。

如果CRISPR作為細菌的免疫系統功能完美的話，那麼將不會有任何病毒對細菌產生威脅，這個系統也將變得過時而遭淘汰。然而這場戰鬥仍如火如荼地進行著；由

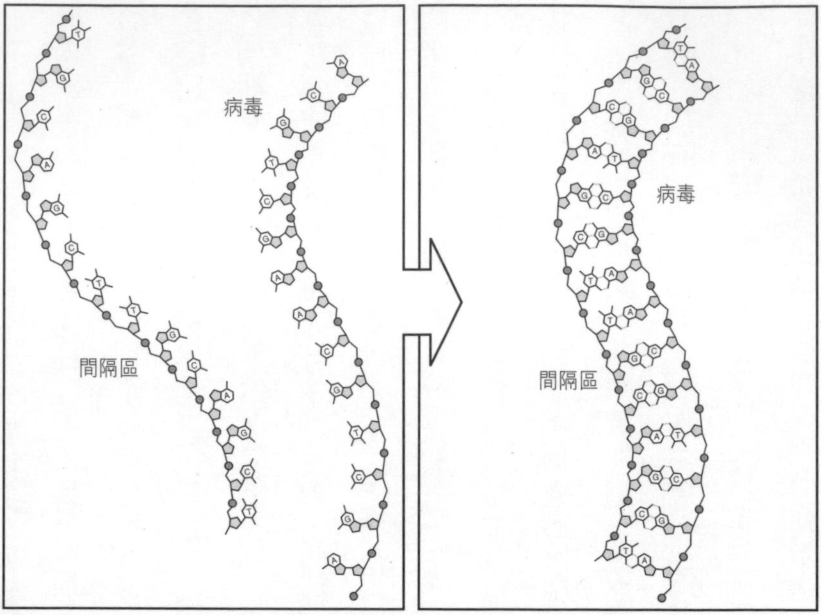

圖 2.5： 細菌的免疫系統將儲存在 CRISPR 區的快照複製成單鏈的 RNA 分子。這些分子利用形成雙股染色體的相同化學力，就能夠吸引任何與它們形成鏡像互補的病毒基因體序列。

細菌展開的防禦措施導致病毒發展出對策，造成一場軍備競賽的演化。

病毒可以使用好些方法來躲避細菌的免疫系統；其中最簡單的方法所仰賴的事實是：免疫系統為了維持偵測系統在可管理的範圍，每當有新的間隔區加入時，就必須把一些最老的間隔區丟棄。於是，很久都沒有出現的病毒會被細菌給「遺忘」，於是這些病毒就能再度躲過細菌的偵測系統。病毒使用的另一個策略，是改變其外型，而不再符合細菌所持有的快照。病毒只需要在其基因體與細菌間隔區對應的部分改變一個字母，就能讓它不被辨識。接著細菌也採用反對策因應，將更新版本的病毒快照納入自己的基因體。

有些時候，某個細菌會不小心把自己的一段 DNA 納入，成為 CRISPR 的一段間隔區。根據這個意外的快照，細菌會誤把自己的 DNA 當成是攻擊者的 DNA，而在無心間展開了自殺任務，將自身破壞；這可算是細菌的自體免疫疾病。

細菌的基因社會是否能夠面對比它所能記錄的更多敵人？有證據顯示，生活在像大海這種地方的細菌，其基因體需要記錄所有可能的威脅，代價可能會過於昂貴，而 CRISPR 的效力也會下降。

隨機快照產生器

如果我們的身體使用類似 CRISPR 的特遣部隊來防禦外侮的話，那麼體內的單一細胞就可能產生免疫力；但該細胞卻無法將納入其基因體的快照傳送給鄰居細胞，因為在人身上，只有精細胞與卵細胞才會將基因體傳給下一代。也因此，我們不能將過往入侵者的資訊傳給自己的小孩。再來，雖說存有快照的資料庫可以告訴我們哪些是可能的再犯，但對於頭一次面對該感染的不幸患者卻沒有幫助。由於組建一個人體所要花費的力氣遠比組建一個細菌多得多，因此人體不可能在第一次碰上新的危脅時就死去；我們需要一個能夠迅速對抗新威脅的系統，同時還要能迅速將其散布至整個身體。

人體以及所有脊椎動物的免疫系統，將工作分給一群特化（specialized）的細胞。一如在細菌身上，其中最重要的工作是辨認入侵者。人體免疫系統用上類似賭場及細菌的策略，製造出對應各種威脅的分子。想要對每種可能的入侵者都儲存一份相對應的序列，是不可能的事；真要那麼做的話，需要的基因數會比人類基因體裡所有的字母數目還多。所以，人體免疫系統擁有的是一個隨機快照產生器。

我們談過，細菌利用互補DNA鏈相互吸引的原理，來追獵入侵者；我們的免疫系統也利用類似的策略，只不過用的是稱為抗體的快照，根據的不是DNA，而是蛋白質序列。想要了解隨機抗體是如何製造的，我們得先仔細介紹一下蛋白質，以及蛋白質是如何製造的。

我們體內的蛋白質，是由二十種構造類似、稱為胺基酸的分子，以字母組成文字的方式形成的許多長串文字。要製造蛋白質，必須先將這些胺基酸分子組裝成一條長鏈；然後這條新製造的蛋白質會根據組成胺基酸的物理與化學性質（好比大小、電性、疏水性等），摺疊成三維構造。經由天擇之功，每種蛋白質構造都演化出特定功能（圖2.6）。由於蛋白質是由二十種化學結構類似的分子（字母）組成，而不像DNA或RNA只有四種，因此，它們可能產生的構造，要比DNA或RNA更多。

細胞要製造蛋白質，需要將轉錄自DNA序列的RNA備份（由四個字母組成）轉譯成蛋白質序列（由二十個字母組成）。除了細節處的差異外，這個轉譯過程在地球上所有眾多的生命形式中，都遵循相同的法則；這也是讓我們相信地球上的每個生命只會出現一次的理由之一。如果讓你來設計轉譯的方案，你會發現你需要至少由三個字母組成的DNA文字來決定一個胺基酸；因為如果你只用兩個字母，而每個字母只有四種選擇，那你最多只能決定出二十種胺基酸當中的十六種（4×4=16）。事實上，細胞就是用了由三個字母組成的文字（稱為密碼子）來做這件事，例如

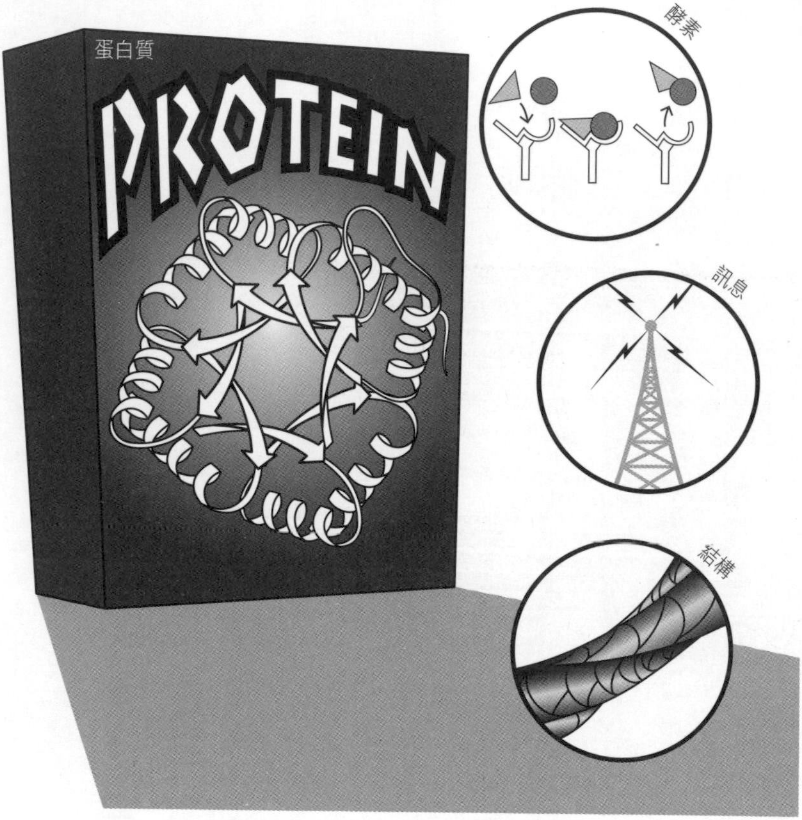

圖 2.6：蛋白質擁有多樣功能：某個蛋白質可能催化化學反應，方式是鼓勵兩個能與蛋白質上溝槽相配的特定分子結合在一起（右上）；另一個蛋白質可能經由傳送某個高能的化學基來傳遞訊息（右中）；還有的蛋白質可能加入一組類似的蛋白質形成維型的支撐柱，幫忙維持細胞的結構（右下）。

AAA、AAC、AAG、AAT……TTT。總加起來，一共有六十四個密碼子（4×4×4=64），負責二十種胺基酸。因此，密碼子屬於重複碼：大多數胺基酸由不只一個密碼子負責編碼。舉例來說，TGT與TGC都負責了半胱胺酸（cysteine）的編碼。這種重複並非隨機發生，轉譯密碼表的演化方式，可使得轉錄中出現「錯字」時所造成的影響降到最小。

細胞在製造蛋白質時所遵循的系列步驟，稱之為生物學的中心教條，也就是資訊從DNA傳給RNA，然後再傳給蛋白質。負責一個蛋白質編碼的基因序列，平均長度有一千個字母。該序列由上一章介紹過的聚合酶複製成信使RNA。然後這段信使RNA被送入另一個蛋白質裝配站：核糖體（ribosome）。在核糖體橫越RNA序列的過程中，會把與三字碼對應的胺基酸加入逐漸增長的蛋白質上（圖2.7）。細胞從母細胞處接收了一些形成聚合酶與核糖體的蛋白質備份，好讓它們可以開展製造蛋白質的工作。

幫忙辨識病原菌的抗體呈Y字形，每個抗體Y字的兩個分叉端可以與入侵者蛋白質片段的特定群組相接。如果說每個蛋白質（也包括每個抗體）都是由相對應的基因序列所決定，那麼免疫系統又如何能製造出隨機的抗體蛋白呢？讀者可能熟悉一種組合拼圖的玩具，其中包括一組人體各部分圖形的卡片，分別顯示了頭部、軀幹或腿部。如果說每個身體部位都有二十種不同版本的圖形，那麼你就可以拼出數千種不同的人體組合圖；這就是人體免疫系統生成抗體的方式：我們的免疫細胞不去儲存事先形成的快照，而從一組數量有限的組件中，組合成數量龐大的快照（圖 2.8）。

在體內大多數細胞的基因體當中，並沒有指定的抗體基因，至少沒

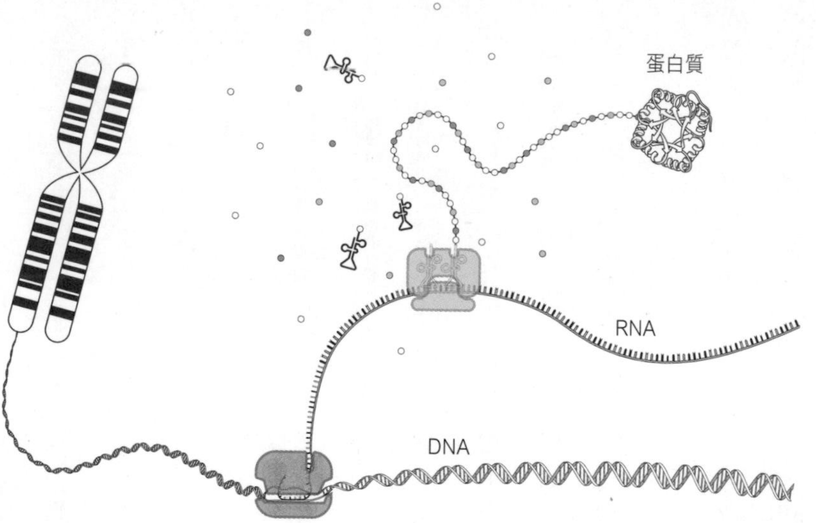

圖 2.7： 生物學的中心法則：DNA 由聚合酶複製（轉錄）成信使 RNA，後者再由核糖體轉譯成蛋白質。圖中幫忙轉譯的喇叭形構造，稱為轉送 RNA。

有以「已完成」的形式存在。反之，當人體生成免疫系統中的B細胞時，抗體基因會重新組合成新的版本；B細胞是帶著抗體在全身巡邏的細胞，並使用抗體來偵測入侵者。在人類的三條染色體上，有稱為可變段（variable）、多樣段（diverse），及連接段（joining）的相鄰區段，統稱為VDJ系統，類似組合拼圖遊戲當中帶有頭部、軀幹與腿部圖形的卡片。就抗體的某個部分來說，每一區段都包含一組不同的版本。每當人體製造出新的B細胞，該細胞的蛋白質組件就會修飾其基因體，把每一部分的圖

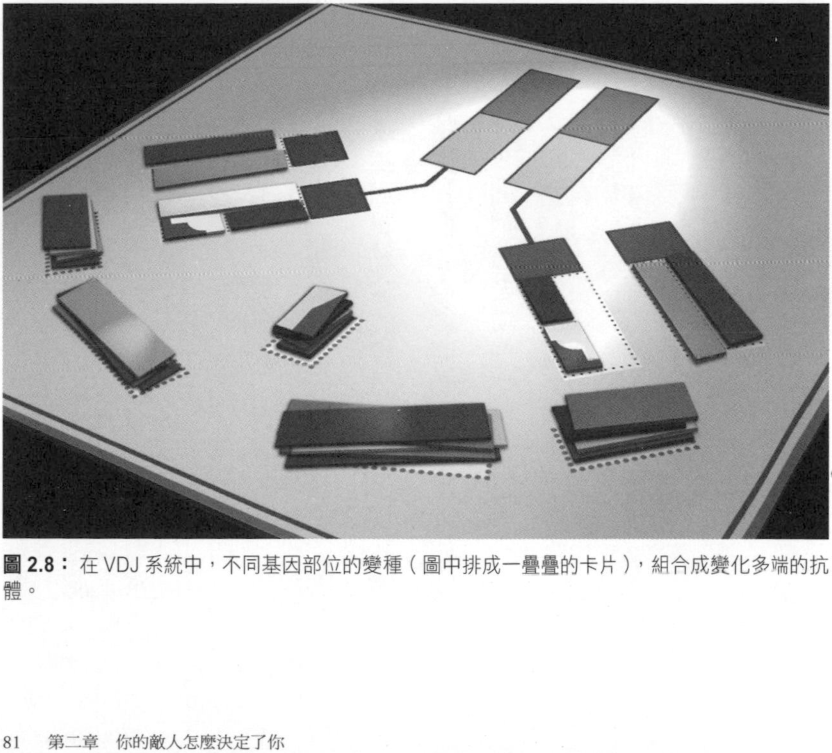

圖 2.8： 在 VDJ 系統中，不同基因部位的變種（圖中排成一疊疊的卡片），組合成變化多端的抗體。

形卡片刪到只剩下一張「卡」，剩下來的三張卡片則黏結在一起，形成一個重新洗牌的抗體基因。這等於是說，人體其他細胞的基因體帶有整組的組合拼圖卡，而B細胞只選取了一組圖形，並把其餘卡片都銷毀。這可是不尋常的舉動：人體當中只有非常少數的細胞能修改自己基因體，B細胞是其中之一。

在得到許可、被釋放出去以前，B細胞的抗體會與身體製造的所有產物相比；一如掌握了儲存在電腦檔案中所有可能面孔的賭場警衛，一開始必須先排除守法的客人，我們的免疫系統也必須先排除那些會與我們自身蛋白質結合的抗體。如果那些會與自身蛋白結合的抗體沒被除去，那麼B細胞將不斷對我們的身體展開攻擊，就如同細菌的CRISPR免疫系統所發生的自體免疫反應。當B細胞在人體骨髓發育成熟的過程中，任何帶有能與自身蛋白結合抗體的B細胞，將進行自戕；剩下的B細胞才被釋放進入身體，追獵入侵者。當B細胞發現敵人時，它們會召喚吞噬細胞前來，將敵人處決。

達爾文會怎麼做？

B細胞執行其追獵任務的方式，是在體內巡邏，讀取其他細胞表面的現況報告。這種現況報告是從每個細胞內部產生的：當蛋白質抵達其生存年限時，會被分解成碎片，在細胞內漂浮；細胞內有一群特殊的蛋白質會抓住這些片段，並把它們帶到細胞表面，向外界展示。這些展示的片段提供了存在於細胞內蛋白質種類的剪影。在大多數情況，這些片段來自細胞本身基因所製造的蛋白質，於是現況報告說：「一切都好。」但是，當有入侵者在細胞內活躍時，有些入侵者的蛋白質片段就會出現在細胞表面；這就等於是細胞在吶喊：「救命，我被入侵了。」B細胞會自己接上該細胞，等於是發出了抓住可能有害外來物的訊息。

不過，至此事情還沒有結束。人體免疫系統中B細胞的數目是有限的，也就是說雖然人體的VDJ系統原則上可以製造約一兆數量的抗體，但不可能對每一個可能的外來蛋白質片段都製造一個B細胞。反之，每一個B細胞都能與一群稍微有些不同的片段相接。對某些片段來說，這種結合可能不強，但我們的免疫系統有辦法加強這種結合，讓免疫系統發動完整且持久的防禦。這是經由兩個訴諸天擇威力的聰明方法所成就的。

第一個方法，是擁有與入侵者相對應抗體的B細胞會得到獎賞，也就是引發自我複製的訊號，以便生出更多帶有成功抗體基因序列的B細胞。只要身體裡有更多這種B細胞巡邏，受到相應入侵者感染的細胞，就更有可能被發現及除去。

第二個方法與前一個相關，是保證讓B細胞與入侵者蛋白質片段的結合夠強，以便將其除去。這種結合的最佳化是如何辦到的？我們先前談過，如果某個可遺傳的變異會影響產生後代的能力，該族群（不論是某物種或一群細胞）就會經由天擇而產生適應。利用天擇的邏輯，免疫系統的B細胞在與入侵者蛋白質接合的能力上，必須產生出可遺傳的變異，並保證結合力最強的B細胞要比結合力較差的複製得更快（圖2.9）。如果做到了這一點，免疫系統也就不可避免地會擁有更多與當下入侵者結合得更好的B細胞。

當複製訊號朝較為成功的B細胞發出時，某個特別的程序就被啟動了。該程序有意地在負責抗體蛋白Y狀尖端的基因部分出現突變。安排這種高度突變的程式，可以引進程度正好的突變：大約每一千次的細胞分裂，會出現一個新突變。高度突變製造了巨幅多樣的B細胞，它們與入侵者的蛋白質片段具有不同程度的結合強度。要注意的是突變並不是針對整個基因體，而是基因體當中決定結合專一性的部分。這個過程是高度地不尋常，人類基因體裡沒有哪個其他部位，會遭到如此刻意的突變。

由隨機突變造成的變種當中，有些與入侵者蛋白質片段的結合力，會比原本的B細胞抗體更強。管理免疫系統的細胞會鼓勵這種改良的B細胞

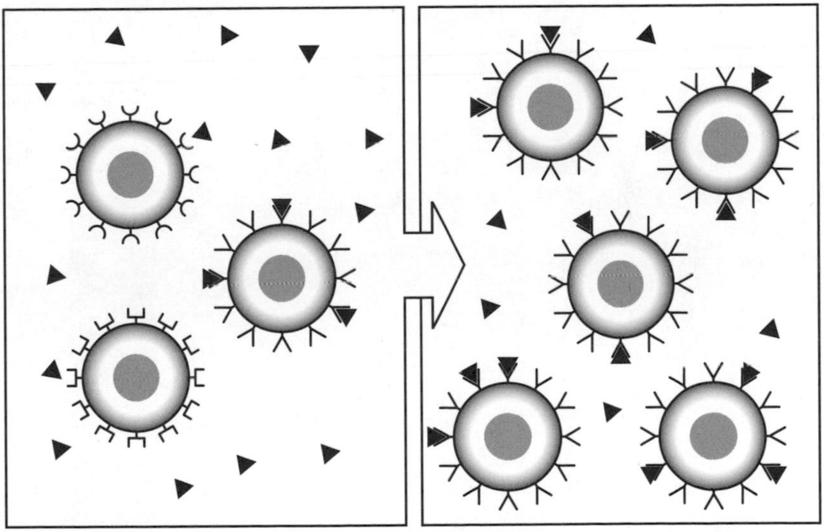

圖 2.9：B 細胞的演化。B 細胞利用其表面抗體來追獵入侵者。與入侵者部位有最強結合力的 B 細胞，將受到揀選並進行複製。

進一步增生。在幾輪週期的高度突變、加上改良Ｂ細胞的後續增生之後，免疫系統就充斥著這種能與入侵者蛋白質產生完美結合的Ｂ細胞了。對那些在Ｂ細胞競賽中得勝的代表來說，它們還取得了持久存活的保證；它們會轉變成留在體內的記憶細胞，以保護我們在未來免於受到相同入侵者的再次攻擊。也就是說，我們體內擁有了對抗特定疾病的抗體。

這個系統完美符合了達爾文對天擇提出的三大要求：由於ＶＤＪ系統類似組合拼圖式的重組，以及具有針對性的高度突變，造成Ｂ細胞製造的抗體有所變異，所以符合了存在變異的第一項要求；當Ｂ細胞得到允許進行複製時，它們就把特定的抗體基因傳給後代，所以符合了變異可以遺傳的第二項要求；由於複製訊息根據的是抗體與入侵者結合的能力，因此符合了變異可影響生殖成就（繁衍子代）的第三項要求。隨著天擇的三項要求都到位了，於是人體的Ｂ細胞就順理成章地因應病原菌而改變。

由於抗體基因的不尋常組合方式，因此嚴格來說，它們不屬於基因社會的成員，而屬於短暫的組合，隨Ｂ細胞不同而有不同。這個系統的基因社會的成員（等位基因），是由可變段、多樣段及連接段組成的完整拼圖組合。這些區段單憑自己是完全沒有用的，只有在將它們切割拼貼、以形成抗體編碼基因的裝置運作下，才能夠保衛身體。這個裝置本身，是由好幾個其他基因負責編碼，此外還有更多的基因促成了一個具有功能的免疫系統。這些基因的分工合作，使得整個基因社會在病原菌的環伺下，還能夠成長茁壯。

雙面間諜與長頸鹿寶寶

創造論者經常會說，像人這麼複雜的東西，絕對不可能隨機出現。突變確實是隨機發生的，也就是說不會偏向增加生殖成就的改變。但是天擇的過程，卻完全不是隨機發生的。我們談過，癌症的進展仰賴突變的發生，因此具有隨機的成分；但癌症的演化卻遵循天擇的邏輯，導致第一批促進癌症的突變有更快速的複製速率。同樣地，我們體內全部抗體的種類，靠的是隨機突變的產生；但重點是：B 細胞在感染後的複製，就不屬於隨機。

達爾文演化理論的了不起之處，在於其簡單的邏輯，及其對廣泛生物現象的解釋能力。達爾文不是最早思考演化機制的人，比達爾文年長六十五歲的法國博物學家拉馬克（Jean-Baptiste de Monet, Chevalier de Lamarck）就主張物種會隨時間演化，並適應新的環境；只不過拉馬克對於演化的機制，有著截然不同的想法。

拉馬克的想法是說生物在一生當中取得的改變，會傳給子代；許多與他同時代的人也擁抱這種想法。這種想法的經典例子，是長頸鹿如何演化出長頸的故事：想像有隻生活在大草原的

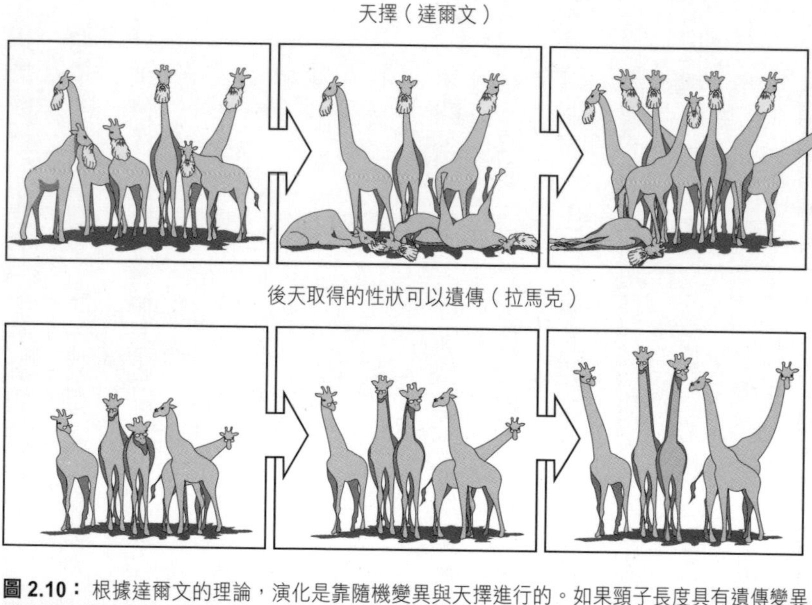

圖 2.10： 根據達爾文的理論，演化是靠隨機變異與天擇進行的。如果頸子長度具有遺傳變異，那麼頸子較長的長頸鹿將會發現更多食物，也會存活得更好；於是留下更多遺傳了長頸子的子嗣。拉馬克的理論則是說，長頸鹿的頸子在一生當中，由於不斷伸長以便搆著更高的樹葉而變得更長；同時，牠們後天伸長的頸子會遺傳給後代。

長頸鹿，當附近位置較低的樹葉都被吃光了以後，這隻長頸鹿就會被迫伸長頸子以便構著位置較高的樹葉。經過許多年的持續伸展，該長頸鹿的脖子將會增加幾公分長。根據拉馬克的理論，由此方式增長的脖子將傳給其子代（圖 2.10）。

如果拉馬克的想法是正確的，那麼我們取得的任何能力都將傳給我們的小孩：如果你學習了如何彈鋼琴，那麼你的小孩一生下來就會擁有與你相同的技巧，而不需要上昂貴的課程或經過辛苦的練習；這一點自然是與我們的共同經驗牴觸。因此之故，當達爾文理論的解釋威力變得顯而易見之後，拉馬克的想法很快就被拋棄了。

如今我們對於訊息如何經由基因體從一代傳給下一代，已有相當多的了解。可以遺傳的每一份訊息，也就是每個等位基因的備份，都限制在某個特定細胞之中。像長頸鹿或人類這種多細胞生物，任何專屬於頸部（或任何身體其他部分）的改變，都只會影響儲存在該部位細胞的訊息；該訊息不能傳給卵巢及睪丸的基因體，因此也就不可能遺傳。

根據拉馬克，改變不是隨機發生的，而是經由與環境的互動而發生，一如長頸鹿的故事。反之，達爾文理論的現代解釋，是假定在生物的基因體與其環境之間有道屏障，從基因到環境的通道，是條單行道。基因的產物接受環境的測試，看看它們對生殖適應度的影響如何；但從環境習得的教訓，卻絕對不會直接影響基因體。如果說環境要求要有個長的頸子，這份訊息不會直接傳給長頸鹿的基因；那些基因也不能回應該訊息的召喚而改變，製造出更長的頸子。反之，由於好些突變，一個長頸鹿族群的個體各自不同。其中擁有較長頸子的個體將更容易取得食物。如果說較長的頸子確實是由於某組特定的突變所造成，那麼牠們的子代將變得越來越興旺。同樣的達爾文式邏輯，也促成了癌症的發生以及人體免疫系統的作用。

我們回頭來看細菌的免疫系統，看看該系統如何符合達爾文的邏輯。本章先前解釋過，在細菌的免疫系統中，基因體的變異不是隨機發生的，而是直接從環境取得。當環境中的病毒侵犯了細菌之後，它們會在細菌的基因體留下痕跡；這份後天取得的資訊也將傳給細菌的子代。

一旦病毒的序列被納入細菌的基因體，它們就換邊站，在細菌的基因社會裡茁壯，並幫忙細菌擋住它們的病毒表親。細菌免疫系統的運作純粹是拉馬克式的，從環境（病毒）直接通往基因體，而不是經由在環境中考驗的隨機變化。

這是不是說在細菌身上，天擇的邏輯被另外一種演化的形式給超越了？雖說細菌的免疫系統明顯遵循拉馬克原理，但對生命世界的所有適應來說，天擇仍是核心。拉馬克的想法符合細菌的免疫系統運作，卻未能解釋該系統最早如何出現在細菌的演化歷史之中。

就算我們不完全清楚產生細菌免疫系統的演化步驟，我們也沒有理由去假設那是由可遺傳變異與天擇以外的方式所產生。我們可以想像很久以前有一群細菌，由於組成 CRISPR 系統的基因隨機突變，使得它們的免疫系統彼此有稍許的差異。擁有更有效免疫系統的細菌，將在病毒的傳染下更容易存活；時間長了，它們就會勝過那些效率較差的系統。

細菌的免疫系統建立了一種將重要記憶寫在基因體的方法，這種從環境通往基因體的特殊通道，是經由天擇演化出來的。由達爾文所提出的天擇理論足夠強大，我們在生命世界所見的每一種適應，都可以由天擇來解釋。

拉馬克式的乳汁

一如細菌的系統，我們的免疫系統也保留著過往感染的記憶。我們B細胞的基因體反映了我們一生當中所經歷的戰鬥。我們打贏的戰役越多，記憶細胞的種類也會變得更多樣化。當某個小孩最早接觸麻疹病毒時，免疫系統必須完整走過一遍VDJ／高度突變／選擇性複製的週期，才能學會如何對付病毒。小孩的身體保留了對應的記憶細胞，也就擁有了對麻疹的免疫力；這也是我們不會得二次麻疹的理由。

我們免疫系統的基因體記憶不能傳給後代，是件不幸的事。但還是有一種非基因體及類拉馬克式的管道，可讓小孩從父母受過感染的經驗獲益。母乳不只是提供人類嬰兒所需的營養，其中還包含了許多與免疫相關的分子，例如特別的糖分子，可以防止險惡的細菌與嬰兒的腸壁相接。如果某位母親近期接觸了某種病毒或細菌，她體內因應產生的抗體，會占了其乳汁蛋白質組成的大宗。這些抗體的形式對消化的抵抗力特強，因此可以與嬰兒胃腸道裡對應的細菌或病毒相結合。此外，這些抗體還會停留在嬰兒的口鼻處，以壓制經由空氣傳染的病菌。

經由這種方式，母乳強化了嬰兒的的免疫系統，降低了嬰兒罹患傷風、感冒以及其他疾病的機率；這也就是世界衛生組織建議出生後頭六個月完全服用母乳、之後繼續補充服用到兩歲或更久的理由之一。餵奶是定義哺乳動物的特徵，也是我們與病原菌永恆戰爭中使用的重要策略。

前面談過，一種生物攻擊另一種生物，不論是病毒侵犯細菌或是細菌攻擊我們，基本上都是社會之間的衝突，由具有高度效率的專屬部隊進行作戰。人類的免疫系統駕馭了天擇的力量，可以在第一時間對抗入侵的敵人。但是以演化的時間尺度來說，我們的身體只是短暫的存在。基因社會在一代又一代的人類當中演化，世代之間的交替，包括調節這個過程的制衡作用，是下一章的主題。

第三章

性有什麼目的？

「與善仁，言善信，正善治。」[1]

——老子

二〇一三年，英格蘭銀行將十英鎊上的達爾文肖像換成了珍．奧斯汀的；這兩位都是英國的傑出人士。乍看之下，兩者似乎沒有太多共同點；但如果往細處看，你會

1 編注：意為「與人交往仁善慈愛，說話謹守信用，為政治理良好。」這句話出自老子《道德經》第八章的兩句話。在英譯本中被翻譯為：In conflict, be fair and generous. In governing, don't try to control（本書引用的是英譯本的內容），與中文原來的意思幾乎完全不同，反而接近「不爭」與「無為而治」。

發現他們的作品有個共同的主題：他們寫的都有關性。珍．奧斯汀筆下女主角的任務，是找個合適的伴侶；用達爾文的話來說，這些女性是在尋找與自身基因結合的伴侶，無論在基因遺傳還是社會地位上，對子代都有好處。有性生殖是基因社會演化的決定性推手；達爾文對基因一無所知，但他曉得有性生殖的重要性。如果達爾文還活在今日，我們想他會樂意讓出自己在十英鎊紙鈔上的位置，給他的精神同儕珍．奧斯汀的。

性的明顯好處

在癌症與免疫系統的例子，基因社會是在個人體內演化。人體細胞形成一個巨大的族群，並根據天擇原理產生適應；但就算擁有所有的適應，這群細胞最多也會在幾十年後不可避免地死去。基因的唯一存活之道，是在自我複製後傳給下一代，那也就是說，製造小孩。對我們的基因來說，小孩是以傳統哺乳類動物的方式，還是借助越來越多的生殖醫學方法而受孕，都無所謂。在此我們也採取同樣態度，只要談到兩個人的基因體混合，製造出新的基因體時，我們使用的字眼就是「性」。

性是否真的是製造小孩的好策略？要探討這個問題，我們先來看看做父母的在生小孩時，放在檯面上的是什麼。為了生小孩，做父親的必須接受他只能複製一半的基因體給孩子。父親的貢獻每經過一代就減去一半，到了他的孫輩就只有四分之一，曾孫則只有八分之一。只要過個十五代，父親的兩萬個基因將被稀釋，直到他的後代平均最多只遺傳了他等位基因當中的一個。

如果說做母親的能夠自給自足、自行完成生殖大業，那又怎麼樣呢？這聽起來好像不怎麼靠譜，但有些動物確實是這麼做的。這些做母親的不去尋求某位「合夥人」的DNA，而把自己完整的基因體放入卵子，然後生出自己的複本。她的複製版女兒也將會生出複製的孫輩。這樣過了十五代以後，這位母親所有的後代都將攜帶她完整的一套等位基因。沒有了性，也就沒有基因的稀釋。

如同上述，要想把相同數目的等位基因傳給下一代，採取有性生殖的個體，就要比採取無性複製的個體製造兩倍多數目的小孩。從表面上看，性是要付出高代價的；這份代價稱之為性的雙倍花費。為了要付出如此巨大的代價，性一定有著它同樣巨大的報償。由於在大多數情況，雄性的付出就只是他們一半的基因體，我們就從雄性的基因體來找這個問題的答案。

在此說一個老笑話：在某個雞尾酒會上，一位男模特遇見了一位女物理學家，他說：「我們結婚吧，這樣我們的小孩會像我一樣漂亮，像妳一樣聰明。」女物理學家回答說：「要是結果顛倒了，該怎麼辦？」如果說一對夫妻的智力與容貌，分別由位於一條染色體上的一個等位基因所控制，那麼兩種結果都是可能發生的。但性並不包括兩個基因體的完全結合；如果真是這樣，那麼每一代的基因體大小就會加倍，這在邏輯上是不可能發生的。反之，孩子的基因體總是從父母親處各取一半。因此，小孩的智力與容貌取決於來自父母親雙方的哪一半。性對於基因社會的威力，就奠基在等位基因的這種隨機混合。

不是所有的生物都使用性來繁殖；像細菌就沒有性，至少沒有我們曉得的那種（待會還會詳述）。細菌在繁殖子代時，就是複製其基因體，生出與自己一模一樣的菌株。除了少數意外的突變外，細菌母親與細菌女兒的基因體完全一樣。在此，沒有花費昂貴的基因稀釋可言。

下面這個實驗顯示了細菌如何演化。我們可以在一個長方形的培養皿裡製造一個小型的美式足球場（圖 3.1 只顯示了半場），在培養皿底部裝了一層細菌喜愛進食的含糖溶液。從達陣線開始，在溶液中加入濃度逐漸增加的抗生素：從達陣線到十碼線的濃度是 1x，從十碼線到二十碼是 10x，從二十碼到三十碼是 100x，從三十碼到四十碼是 1,000x，從四十碼到五十碼是 10,000x。接著，我們把細菌均勻地灑在培養皿中，然後等待結果。首先，我們發現細菌只在沒有抗生素的終端區生長；不用多久，在達陣線內的區域就會有上兆個細菌。

終究，會有小批細菌開始越過達陣線，進入含有抗生素的區域生長。如同癌症的演化，在細菌上兆次的分裂過程中，每次分裂都會有一定的機率在基因體裡引進一個新的突變；因此在經過上兆次的細胞分裂後，將會有非常多不同的基因體存在，其中少數的突變，將使得這些細菌有能力進入帶有抗生素的區域生長。一如癌症，這就是大數量的威力。

從這些小片的幸運變種細菌開始，它們將生長散播，直到它們占滿了從達陣線到十碼線之間的整個區域。然而過了十碼線的區域，抗生素的濃度增加了十倍，因此這

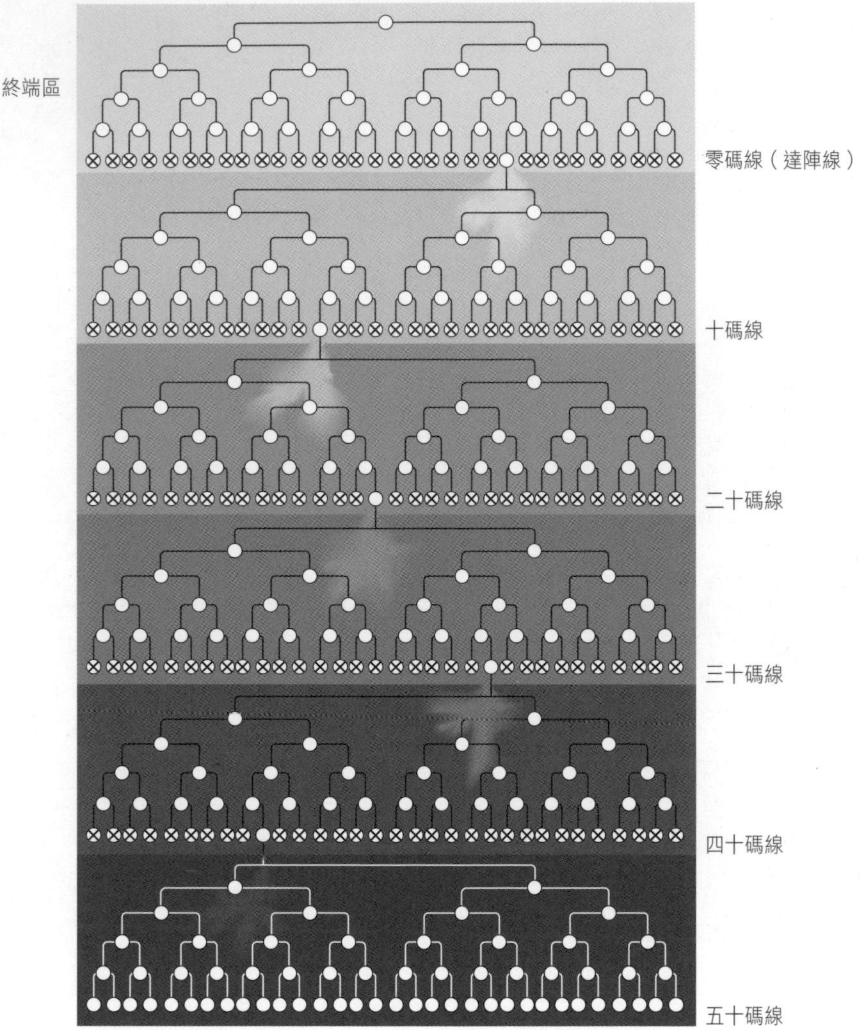

圖 3.1： 由哈佛大學醫學院的基雄尼（Roy Kishony）及同事設計執行的實驗。一個大型裝滿含糖溶液的長方形盤中，分隔成許多類似美式足球場、由碼線分隔的區域。本圖只顯示了半個足球場，從位於頂部的終端區開始，終止於位於底部的五十碼線。在頂部的終端區內，沒有抗生素；在零到十碼的區間，則有低濃度的抗生素。從十碼、二十碼、三十碼到四十碼線外（從頂部到底部），抗生素的濃度每十碼會增加十倍。當把細菌薄薄地撒在整片區域時，它們會以波浪的方式生長：一開始只在頂部達陣線內生長，然後前進到十碼線，再一路往下走。每越過一條分隔線，就需要更多的突變。一旦從前一次突變後生出的細菌數量增加到一定程度，就可能生出新的有用突變。

些細菌就無法越過界線繼續向前生長。想要繼續入侵，細菌需要從更多的突變取得更精煉的技能組合。再一次，散播至十碼線的細菌新基因體擴張為更龐大的數量，其中有一個就取得了征服下一個領域所需的突變。這種擴展、突變，以及數量威力的過程一路持續下去，直到從兩端開始的細菌族群最終在中間會合，彼此競爭中間區域剩下的糖分。

一如癌細胞，細菌獲致了好幾個突變，每一個突變都讓它們越過了一道「防線」；這個過程，會因為發生了必要突變後的細胞增生，而大幅加速。這種增加抗生素抗藥性的一步步過程，與癌症發生的一步步過程一樣讓人害怕：受多重抗藥性細菌感染的發展速度，遠比藥廠發展新抗生素的速度要快上許多。

細菌的生殖方式，也就是子細胞與母細胞的基因體完全相同（除了少數的突變），具有下述的重要限制。好些細菌可能分別獲得不同的突變，每一個都可能增加對抗生素的耐藥性。然而，其中只有一種突變的後代最終會勝過其他細胞，將該突變穩當地建立在細菌的基因社會中，至於其他與之競爭的突變，將會被排除在競爭之外（圖 3.2）。

如果細菌進行有性生殖，那麼它們取得抗生素耐藥性的速度將會更快。這麼一來，經由結合成同一個基因體，每一個有利的突變，都可以因為與其他有利突變聯合而受益。由兩個帶有互補突變的細菌聯姻所生出的子細胞，將會比任何一位父母更具有生殖適應力，也可能馬上就能在培養皿（美式足球場）中跨越下一條分界線探險。

沒有了性，突變的互補性好處就沒有了；因為類似的突變可能會、也可能不會在未來的世代

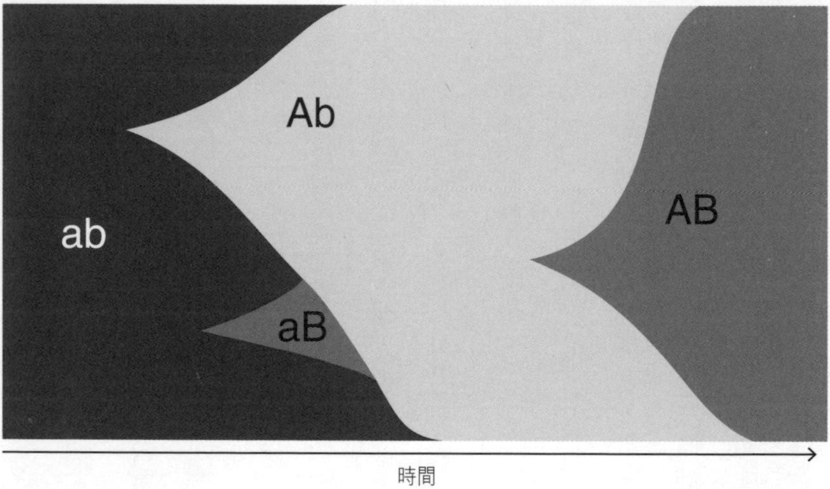

圖 3.2：在細菌的基因社會中，某個假設性的演化場景；其中有兩個基因，分別帶有一個低適應性的等位基因（小寫的 a 與 b），與一個高適應性的等位基因（大寫的 A 與 B）；箭頭則代表時間的走向。每個時間點的垂直切面，顯示在那一刻，這兩種等位基因的分布情形。一開始，所有的細菌都帶有低適應性的 a 與 b 等位基因；高適應性的等位基因 A 與 B 是獨立出現的，以 Ab 與 aB 的形式在不同細菌體內同時存在一陣子。但是由於細菌沒有性以及沒有基因重組，因此這兩種突變無法融合成為一個基因體；終究 aB 被 Ab 勝過而消失。只有在過了很長時間以後，突變 B 在某個帶 Ab 的細菌中發生，才終於有結合了兩個優質突變的細菌出現。

中出現。為了不想付出性的雙倍代價，細菌的基因社會付出的代價，是不能將出現在不同基因體的有利突變結合。細菌從它們的龐大數量取得力量，因此對於變動的社會適應得還不錯。但對於人類這種個體數量較小的物種群來說，對變動環境的快速適應攸關生死存活，如果缺少了性，遲早會導致絕種。

所有的哺乳動物都要付出隨著性而來的代價——基因體稀釋，但他們也能夠把父母雙方的有利特性結合在小孩身上。雖然聽起來不怎麼羅曼蒂克，但性不只是提供了把好的等位基因結合在一起的方法，同時，也提供了把有害突變從基因社會中除去的有效方式。假設有對夫妻雙方的基因體都帶著有害的突變，且位於不同的基因上；如果父母雙方都以無性複製方法繁殖，那麼他們基因體上所有的等位基因將注定滅亡，因為他們的複製品受到不良突變的拖累，遲早會在生存競賽中被淘汰出局。但如果他們能把雙方所有完整的等位基因結合在小孩身上，省略有害的突變，那麼其餘的等位基因就能夠存活下來；也就是說，能夠與它們帶有麻煩的基因體鄰居作切割。

這就是性的意義所在：性讓所有的等位基因都有追求「美國夢」的可能。性將等位基因彼此的聯繫打斷，使得某個好突變就算出身在基因體的壞區域，該等位基因還是有成功的機會。接下來會談到，該等位基因會找到新的居住地，並逐漸變得流行；至於其原先居住地的不良等位基因，將逐漸消失。基本上，基因社會中會演化出性，是因為性能夠讓社會成員不斷形成新的聯盟；因此，就長久而言，性能夠讓它們更有效地合作。

此外，還有另外一種考量方式：像橋牌這種牌戲是分組進行的。如果這些分組是固定的，那麼某位牌友的成功，將大幅取決於其牌友的技術：如果某位牌技精湛的選手與一位牌技差勁的選手搭檔，那麼他們的戰績將不會太好。但如果每一輪比賽隊友都是隨機組合，那麼個別選手的技術將決定其總分。同理，經由性，基因社會將各種不同的等位基因配對組合進入基因體當中，最終，天擇將提升表現最佳的等位基因。

性是平等主義者

我們遺傳自父母雙方成對染色體上的每個相對應等位基因，只有一個會進入我們的子女，另一個則被遺棄。為了保證公平起見，利用性來繁殖的物種，使用一種特殊的細胞分裂方法：這個被稱為減數分裂的過程，是有性生殖的核心所在。如果說染色體在代代相傳時都維持完整的話，那麼基因的混合程度將嚴重受限。例如在第一號染色體上近四千個基因的所有等位基因，將永遠被綁在一起。假定前述笑話中的物理學家，她的形式推理能力是遺傳自母親第一號染色體上的某個特殊等位基因，而她的創造思考能力則來自她父親第一號染色體另一個基因的等位基因。如果她只能將一號染色體的兩條備份之一傳給小孩，那麼她的這兩份能力將永遠不可能同時傳給她的小孩。

那麼將分別來自父母的一號染色體做公平的混合，又是怎麼進行的？細胞複製裝置先將每條染色體製造出一條備份，然後把相對應的一號染色體並排，將每條切成二或更多對應的片段；最後利用每一區的片段組合成新的染色體。至於怎麼選擇並沒有準則，隨機的分子之舞決定了這些分子的組合方式。這種製造卵子與精子基因體的重要製備過程稱為「重組」（recombination）（圖 3.3）。借用道金斯在《自私的基因》所介紹的類比，我們可以想像外祖父有一手藍色的牌，外祖母有一手紅色的牌，當這兩副牌在他們女兒的卵細胞生成時重新洗牌，新的幾副牌於焉生成，每副都有五十二張牌，但是由紅藍兩副牌重洗得出。性的意義就在於將等位基因重洗，產生新的基因體組合；這個目標就是由重組來完成。

所有的染色體都會進行重組，只有Y染色體除外。經由位於Y染色體上的*SRY*基因，Y染色體決定了胚胎的性別：攜帶具有功能*SRY*基因的胚胎會成為男孩，缺少*SRY*基因的胚胎則成為女孩。如果*SRY*基因失去功能，或是不被與其互動的蛋白質辨識，那麼帶有一組XY染色體的胚胎可能變成女孩。由於男性帶有一個備份的Y染色體，而女性沒有，因此Y染色體上的等位基因不會有機會與其他Y染色體的等位基因進行洗牌。唯一的例外，是Y染

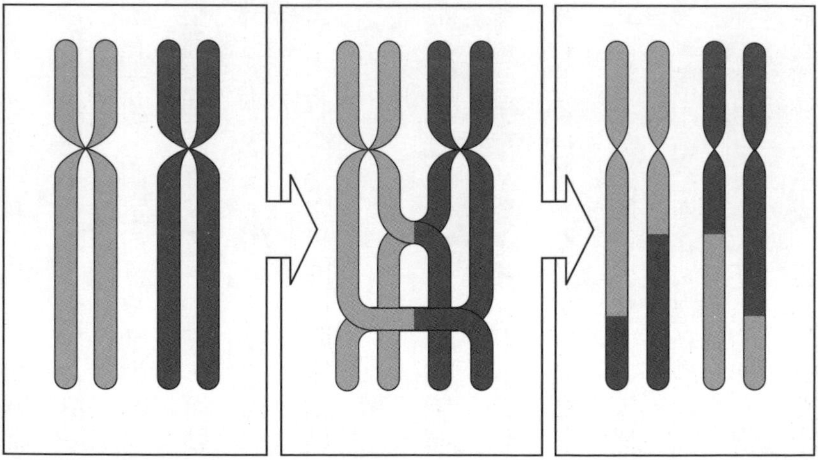

圖 3.3：在完成複製、準備重組之際，來自母親與來自父親的染色體各自有兩個相連的備份；然後，它們進行重組，互相交換對應的區域。

色體上一塊帶有二十個基因左右的區段，與X染色體上一段相對區域成鏡像構造。在男性的情況，當染色體在減數分裂中進行配對時，X與Y染色體上的相對區域也會進行配對，就如同其他二十二對染色體一樣；但Y染色體上其餘位置的等位基因就註定永遠單身了。遵循撲克牌的類比，這就好比位於Y染色體上的一副牌，只有頂端一小部分的牌會與X染色體上的牌進行交換，其餘的部分就維持原樣，沒有經過洗牌。

如果Y染色體上不會進行重組的部位，出現了一個嚴重的破壞性突變，那麼位於該染色體上的所有等位基因就注定要遭到毀滅，因為它們將沒有辦法去除這個突變。如果說該突變對其攜帶者只有中等程度的傷害性，那麼它可能就會留在那裡。沒有重組，就沒有辦法將個別有害的突變從Y染色體上除去，因此Y染色體會緩慢地衰敗。

我們有很好的證據顯示，大約在一億五千萬年前，X染色體與Y染色體是相配的一對，一如目前的其他二十二對染色體。慢慢地，這兩條染色體變得不對稱，而開始分道揚鑣。今日，X染色體仍然攜帶了近兩千個基因，而Y染色體就只有不到兩百個基因；這是由於好幾百萬年來缺少伴侶的配對，不可逆的突變將Y染色體上的基因一個又一個去除所造成的結果。在此同時，出現在X染色體上、具有相同破壞性的突變，則可在女性身上，經由與另一條X染色體進行重組而有效地去除。諷刺的是，決定胚胎性別的的染色體本身，卻是諸多染色體中唯一無性的一條。如果人類存在的時間夠長，再過個幾百萬年之後，Y染色體就可能完全消失。到時，男性可能由缺少第二條X染色體來決定。這種情況已經發生在日本某些島嶼上的畜鼠（又稱刺鼠〔spiny rat〕），牠們沒有Y染色體也還活得好好的。

回過頭來談重組（洗牌）的問題：一旦女性的染色體重組形成全新的組合，每一對染色體當中的一條新染色體會被納入新生成的卵細胞。從等位基因的角度來看，進入卵子是它進入下一代的唯一機會。如果某個等位基因總是未能進入卵子或精子，那麼它將會滅絕。由於減數分裂伴隨著高度風險，要維持公平似乎是不容易的事；但減數分裂確實是公平的。如果說指定分配進入精子與卵子的過程有漏洞的話，那麼基因社會將充斥著最成功的騙子，而不是對基因社會整體的存活最有用的等位基因。

在減數分裂中，每個等位基因都有五十％的機會，搭上某個特定的接駁車進入下一代。減數分裂的過程並非命定，而是像擲銅板。機會在等位基因的命運上扮演了重要角色，這點將於第四章再度談到。重點是，減數分裂對於個別等位基因的品質是盲目的：經由重組造成的變異組合是隨機發生的；至於不隨機是後來發生的事——以天擇的形式出現。

與其使用擲銅板的方式，難道由母親的細胞根據等位基因的長處、來決定哪一個可以進入卵子不是更好？這麼做將總是能選擇兩個成對等位基因中較好的一個，不是嗎？我們假設對某個特定基因來說，做母親的從得自她母親的染色體上取得了一個運作良好的等位基因，卻從她父親的染色體處遺傳了一個有缺陷的基因。減數分裂不會總是揀選運作良好的基因，而提供同等的機會讓有缺陷的基因傳給下一代；這看上去似乎不像是個有效的系統。

從另一方面來說，誰能來決定哪一個基因備份更好呢？我們將在第五章談到，某個等位基因的成效，也就是它的「品質」，很大一部分取決於基因體裡與它合作的其他基因版本；因此，就算有另一個減數分裂的裝置，能夠分辨兩個相互競爭的等位基因在目前的基因體表現更好，它也不能準確預測哪一個會在下一代表現更好。同理，為什麼要讓每個公民都有投票權？如果根據道德優越性，只讓某些公民有投票權，又將如何？當然，問題是如何定義道德優越性，這種特質可有萬無一失的判斷標準？

比起菁英政治所帶來的不確定性，更糟的是這種系統提供了其中成員欺騙的方法：如果有某人或某物負責決定誰值得存在，那麼該決定就可能受到影響。歷史告訴我們，想要持續一貫地增進社會整體的福利，沒有比運作良好的平等式民主更有效的政治管理形式。因此，與其試著獎勵最好的基因，讓它們在進入下一代的接駁車中佔有一席之地，基因社會賦予所有基因相同的權利。

由性所提供的可能性，數量相當驚人；若想要對此有所體認，不妨想像有群生物，其基因體只有一千個基因，每個基因有兩個不同的等位基因，分別稱作A與B。某特定半套基因體的第一及第二號基因帶有等位基因A，第三號基因帶有B，以此類推；像這樣的半套基因體可能有多少不同的組合？這是個簡單的算術，首先根據第一個基因帶有的等位基因，將可能的基因體分成兩組，每組根據第二個基因又可再分成兩組，所以由頭兩個基因，就可分出2×2個組合。將這個邏輯延伸下去，就得出2×2×2……×2，也就是2自乘一千次，其數目比目前已知宇宙裡的原子數目還多。要記住的是，一千個基因只是個小數目，人類的基因體有兩萬個基因；比起真實的基因體當中的變異性，兩個等位基因是很少的。我們人類身上的每個基因，都存在著十個、甚至百個等位基因，這一點將於下一章談及。

就算不考慮新的突變，將既有的基因體混合，已能製造出非常多的新變化。經由重組，人類族群從變化組合中能取得的樣品數，比起無性物種所能取得的，要超過太多太多。帶有變異的新基因體，如果未能好好協同運作，將不會成功；但有的組合結果可能特別好，例如前述杜撰故事中，模特兒與物理學家生出既漂亮又聰明的小孩。

基因社會的組成，非常類似中世紀歐洲城市裡、將工藝與貿易組織起來的同業公會。每個公會對於其成員能製造什麼、使用什麼工具等，都有嚴格規定。這些要求強制了公會與公會之間清楚的分界。

我們可以說每個基因體等於是工匠的集合，由每個公會提供一位成員；因此，重組與性並不是從基因社會隨意選取兩萬個等位基因組成一個基因體。染色體上的某個特定位置總是由同一基因的等位基因所佔據，也就是來自同一公會的工匠。重組時，染色體臂（chromosome arms）進行的互換，也是經過精心安排，保證遺傳自母親的染色體部位由遺傳自父親染色體的對應位置替換。因此，染色體的「公會」組織維持了完整的基因順序與位置。

但就算我們知道所有性的好處，還是可能被複製自己的想法吸引。我們可以假想某個突變讓持有者得以複製自己，其所造成的後果——從短期而言，這個新創造的等位基因確實將表現良好，由你的基因體所決定的個體，具有閱讀這本書的智力與品味，你的複製兒與複製孫也將遺傳了同樣的一組有價值的基因；但問題將會在長遠以後出現：你的後代出現的唯一變異，將是偶爾出現的突變，也就是複製過程中的失誤；少了明顯可見的變異，你未來的複製體在面對危機時將處於嚴重不利的位置，例如在面臨氣候突變時適應力緩慢。他們為適應所必須的突變，只能從母到女的複製鏈上一個一個發生，而沒有辦法將出現在不同個體的有利突變結合在一起。最終，你的複製族群會與其餘的人類基因社會分離，將可能走入「演化的死巷」，面臨絕種的命運。

這不是假想中的情境，有相當多物種的動物是採無性生殖，其中包括鯊魚、蛇以及昆蟲當中的某些物種，牠們沒有一個能持續太久就滅絕了；使用複製策略的動物，很少能存活超過幾百萬年的時間。現存可見使用複製方法的動物，幾乎都是自然界相當晚近的產物，為了不想付出性的雙倍花費所做的嘗試。只要牠們所處環境的變化，要比牠們使用個別突變的適應速率來得快，牠們就會有麻煩了。我們從來沒有見過哪個哺乳動物是不使用性來製造下一代的。因此，包括人類在內的這群動物之所以成功，很可能是因為我們強化了生殖系統，不受廉價、但終究會致命的無性生活所誘惑。

那麼，為什麼行無性繁殖的細菌不會絕種呢？它們從數量上取得力量，就好比我們在上述美式足球場實驗所看到的。再說，細菌沒有我們所熟悉的性生活，卻找出其他方法在彼此間交換基因。我們將在第六與第七章談到，細菌能夠將其基因混合及配對，只不過使用的並不是有性生殖物種使用的高度有序的方法。

有種動物長期以來被認為是以完全無性的方式生活，幾百萬年來都是只以雌性的方式存在，那就是蛭形輪蟲（bdelloid rotifers）；但目前已知，從基因社會的角度而言，這些雌蟲並非完全無性：牠們使用了一種類似細菌所用的基因體混合策略。因此，從基因體而言，孤立確實看來是一種慢性毒藥。

賭注越大、欺騙越大

減數分裂是公平的過程，但出現有趣的例外，也是生命科學中的常態。如果某等位基因有高出五十%的機會進入人類的下一代，那麼它將在基因社會中活得更好。事實上，在這場遊戲中確實有一些成功的騙子。

這種欺騙的例子之一，造成了軟骨發育不全（achondroplasia）這種病症，在每兩萬名新生兒當中，就可能影響了一位。患了這種病的人不容易將軟骨轉換成硬骨，因此造成短小的手腳，成年後的身高只有一百三十公分左右。造成這種疾病的原因，幾乎都是由於父親睪丸在生成精子時出現的一種突變：改換了 *FGFR3* 基因上的某個特定字母；該基因負責的是某個生長因子受體的編碼。

根據突變發生的標準速率，軟骨發育不全症的發病機率應該更低。平均來說，細胞每分裂一次，其基因體當中所有的六十億個字母將出現不到一個新突變。就算考慮到精子生成中出現許多輪的細胞分裂，這種突變的速率，也只會在一百萬個新生兒當中，造成比一位還少的軟骨發育不全患者；因此，這種病症的高發生率要如何解釋？

是否造成該病症的基因字母特別不穩定，使得它比基因體裡其他字母的突變率更高？

這個問題的解釋在於：該單字母的突變不只是影響了軟骨，同時還增加了攜帶該突變的細胞系譜在產生精子時的分裂速度（圖3.4）。由於它們更快的繁殖速度，帶有這種改變的細胞對成熟精子的貢獻，將比其他細胞高一千倍。這是天擇作用在人體當中的另一個例子：對睪丸中的細胞來說，與在叢林當中的生物一樣，適應度是由它們生成的子代數目所決定。為了勝過同伴，每個新的軟骨發育不全突變，有效地操縱了正常的機率，增加它進入下一代的機會。這是天擇的特例：新出現的突變可增加其存活進入下一

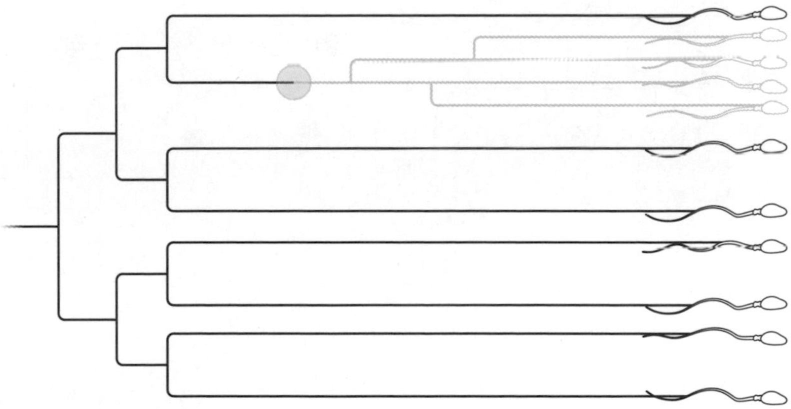

圖 3.4：精子生成中一個天擇的例子。某個新突變可增加精子生成時，細胞分裂的速度（灰圈）；該突變將保證其對應的等位基因，要比其競爭者進入更多的精子當中。

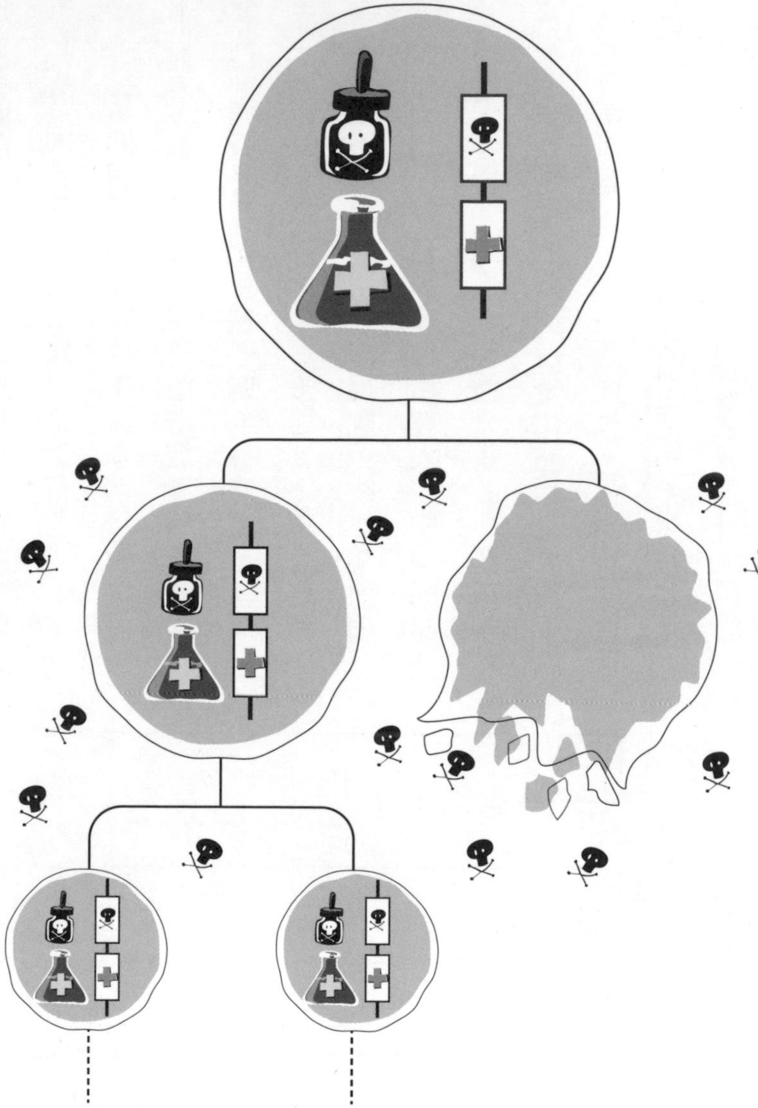

圖 3.5： 一對毒藥／解藥的自私基因。基因體中帶有這對基因的精細胞，會生成有毒蛋白及解藥。只有毒藥會被送到細胞外，把不具有製造解藥能力的鄰近精子給殺死。

代的機會，但也到此為止。出生帶有軟骨發育不全的人，其所有的精原細胞都會以相同的快速度分裂，該突變的優勢就消失了。

其他還有更陰險的方式，來破壞性的平等主義。我們知道在果蠅的基因社會中，有全然自私的剝削行為發生；我們有理由相信，同樣的基因詐騙也在人類的基因體當中運作。這類剝削系統當中，其中一種有兩個犯罪夥伴參與，也就是坐落在同一條染色體上、彼此相鄰的兩個基因。在精子生成的過程中，其中一個基因指示細胞裝置製造一種毒藥，另一個則提供解藥。毒藥被傳送出細胞外，解藥則留在細胞內。這對基因使用毒藥殺死了所有沒有攜帶毒藥／解藥基因夥伴的精子，而保證了自身的傳播（圖3.5）。

這對狡詐的基因，對於攜帶它們的個體之存活或生殖力並無貢獻，對於建造血管、增進腦力，或對抗可怕細菌也都沒有幫助。遺傳了這對基因的雄蠅並沒有變得更好；反之，它要付出殺死自己許多精子的高價。這對伙伴傷害了蒼蠅的其他基因進入下一代的機會，但這兩個基因卻因此獲益。經由進入大多數的精細胞，它們進入其攜帶者子代的機率，遠超過五十％。

還有其他類型的欺騙存在，並有著重要的後果。要記住的是，單細胞細菌會將所有的突變傳給下一代，只有發生在人類父母生殖細胞的突變，才有機會傳給子代。如果我們出生時獲得了任何新東西（父母雙方都沒有的等位基因），那麼該等位基因必定是從父親或母親的生殖細胞發生的突變造成。

人出生時大約接受了六十個左右的新突變，其中大部分是簡單的複製錯誤：某個基因體字母不小心被置換成了另一個。我們大概會對父母雙方慷慨的程度不同，而感到訝異：我們從父親處得來的新東西，要比從母親處得來的要多；這來自於男女生殖細胞製造的基本差異。我們先前提過，男性生殖細胞以超乎尋常的速率繁殖：終其一生，男性可製造出數以兆計的精子；反之，女性只會產出幾百個卵細胞。你的父親在滿二十一歲前，他的每個精細胞就已經經過了約三百次的細胞分裂，同時還不會停下來。你母親的卵子在同樣年紀，只經過二十二次的分裂；基本上，她所有的卵細胞在她出生前就已經事先製造好了，因此細胞分裂的數目不會再增加。在男性精子出現的更多細胞分裂，代表會出現更多不可避免的複製錯誤，這也就解釋了為什麼我們身上大多數的新突變來自父親。

從固定的一組細胞系譜展開的精子生成，是從男性青春期開始的，年復一年，持續到死，並隨著每一輪的細胞分裂，累積越來越多的突變。就是因為這個原因，許多遺傳疾病的出現頻率，會隨著父親的年齡而增加；其中一個例子是馬凡氏症候群（Marfan syndrome），每五千人當中就有一人罹患。這種病症是由 *fibrillin-1* 這個基因的缺失造成；該基因負責生成一種類似纖維的建材，在組建結締組織上扮演了重要的角色。結締組織對於建構從骨骼到心臟不等的身體零件來說，不可或缺。患有馬凡氏症候群的人長得特別高，還有細長的手指；他們通常因為肺部、眼睛以及大動脈出問題而發病。約三分之一的馬凡氏症候群患者是由來自父親睪丸當中的新突變所造成；由於這個緣故，由五十多歲男性受孕生出的小孩，要比父親只有二十多歲的小孩，有幾乎高達十倍的可能性受馬凡氏症候群所苦。

的確，只有很小的機率，會出現對基因社會有利的突變。人類大抵上與其他物種一樣，對環境適應得相當好。因此，大多數的新突變，就算有任何明顯可見的作用，通常也是降低、而非增加生殖成就。為了降低傳給下一代的突變負擔，男性最好是在成年後早期就有小孩；這時，他們的精子所累積的突變數目較少。

無關乎我們自己

想要瞭解性，我們必須從個別基因的角度來看事情，而不是從提供基因體庇護所的男人與女人的角度。如同道金斯在《自私的基因》中寫道，個體只是分子短暫的集合，基因及其等位基因才能夠屹立百萬年甚至更長時間而不墜。藉由操弄它們的「生存機器」，也就是我們人類，基因得以代代相傳。生存機器的說法，並不是說我們的基因希望我們存活，而是基因操縱我們活得時間夠長，好生出夠多的小孩把它們帶入下一代。

性的民主制度，是用來洗牌的工具，也就是把等位基因重新組合。性的機制是由許多基因負責編碼的蛋白質建立起來的；這些基因之所以在基因社會佔有一席之地，是因為它們提供了有用的服務：性解開了基因與基因之間的連結，使得每一世代都有許多不同等位基因的組合出現，接受環境的試驗。經由性，每個等位基因基本上可以獨立發揮，一個世代一次。

有讀者可能會反駁說，是他這個人在活著的時候，把基因傳給下一代的，因此，天擇難道不是發生在個人的層面？假設你體內某條染色體上攜帶的某個等位基因，也存在於其他一千個人的染色體上；這些人生出的小孩裡，有一半會遺傳該等位基因；因此，該等位基因的命運，取決於這些人所生小孩的總數。如果帶有該等位基因的人與帶有其他等位基因的人相比，平均有更多小孩，那麼該等位基因將不斷散播且興旺。從基因的角度而言，有小孩的人是誰並不重要；在決定等位基因以何種頻率散播的大型戰役中，每個人就只是其中的一場單獨戰鬥罷了。如果某個等位基因造成半數攜帶它的人早夭，另外一半則生出四倍於平均值的小孩數目，那麼它將會擁有比對手多出一倍的後代。雖然該等位基因給半數攜帶者帶來的是死亡，但它本身將過得很好。

兩性的基因體戰鬥

性染色體的差異，只是瞭解女人與男人之間差異的起點罷了。除了位於Y染色體上的一些基因以外，男性和女性都遺傳了所有其他的基因，但這些基因中有部分只在男性身上活躍，另一些則只在女性身上活躍。

兩性之間之所以存在許多差異，主要原因是女性對子女的投資一般要比男性大得多（至少在一開始）。母親製造富含養分的卵子，支援早期的胚胎；父親的精子只擅長做一件事：有效率地將DNA送入卵細胞內。父母雙方一開始就不對等的付出，延續至胎兒於母親的子宮內接受的照顧，並在胎兒出生後由母親哺乳嬰兒好幾個月，至此這種不對等達到巔峰（傳統作法）。這樣的不對等，讓男性與女性演化出不同的本能策略：由於母親對她的子女投資更多，因此有理由在伴侶的選擇上更挑剔；畢竟，做母親的若想要彌補錯誤的決定，代價更大。結果是，如果有某個等位基因讓女性在挑選伴侶時更挑剔，該等位基因將會增加攜帶者的生殖成就，也更有可能在基因社會中站穩腳步。

男性與女性使用的不同策略，將導致母親與父親的基因體產生嚴重的衝突，胚胎則提供了戰場。當母親生出較小及較弱的嬰兒時，她為自己保留了一些資源，以增加自己產後的存活機會，之後還能生出更多子嗣。然而較小較弱的嬰兒也有更大的風險活不到成年，因此母親的投資代表的是一種妥協。

那麼從父親基因體的角度來看，又如何呢？做母親的之後與另一位伴侶再生小孩，總是有可能的；在這樣的考量下，如果自己的小孩現在就能從母親處取得更多資源，那麼父親的基因將有更好的前途。因為這麼做將增加小孩成功（以及父親基因成功）的機會，增加的則是母親的代價。因此對父親基因體的最大利益來說，是讓母親付出單純比自身利益還要更多的投資，在這位父親的小孩身上。父親並不會以口頭說服母親投資更多在他的小孩身上，這項訊息已經編碼在父親的基因體當中。

這中間有個明顯的弔詭，如果父親有個基因可讓胚胎吸取更多資源，那麼該基因一定會即時使用這項伎倆。只不過同樣的基因，也會造成其孫子耗用更多的資源，不論他們是從這位父親的兒子或女兒處取得資源。有一半的情況，該基因由父親遺傳，將增進它在基因社會裡的成功；另一半的情況，該基因由母親遺傳，將降低其散播，因為胚胎會耗用母親的資源，以至於犧牲其未來手足的利益。時間長了，該基因將不會太成功。

因此，如果某個基因的唯一指令是：「就算母親喊停了，也要繼續耗用資源」的話，那麼它不可能成功。該指令必須包括一條但書，規定只要該基因遺傳自父親，就遵守繼續耗用資源的指令；要是遺傳自母親，就忽視該指令。這種系統稱為「銘印（imprinting）」。我們體內的細胞一般不能分辨來自父親與母親的基因，但帶有銘印基因的染色體部位卻經過化學修飾，可影響這些基因的表現。有些由精子攜帶的基因得到銘印，可促進胚胎的發育。為了補救這點，做母親的則會銘印其卵子當中的其他基因，以降低胚胎的發育。簡而言之，我們的基因體不只反映了免疫系統與細菌和病毒之間的武器競賽，同時還反映了男性與女性之間的武器競賽，在分成兩半的基因體之間開戰。

不知讀者有沒有好奇過，為什麼所有經由有性生殖的物種，雄性與雌性的數目都約略相等？由動物的商業養殖顯示，單一雄性可以讓許多雌性懷上後代；因此原則上，人類歷史中如果男性少一些、而由更多女性遞補，那麼就人類整體而言，將產生更多小孩。這個問題的答案，不僅是減數分裂將父親的X染色體以及與之配對的Y染色體，以相同的機率送入每個精子，生成相等數目的男孩與女孩那麼簡單。畢竟，在鱷魚這個以完全不同於減數分裂的機制（牠們使用卵孵化的溫度）來決定性別的物種，雄性與雌性的數目仍然相當。當鱷魚母親選擇其孵卵所在時，就決定了小鱷魚的性別：下在較溫暖堤岸的卵，生出的大多數是雄性，下在較涼爽濕地的卵，生出的大多數是雌性。

由於每個小孩的基因體都是一半來自父親，一半來自母親，因此就父母這一代而言，所有的父親與所有的母親都擁有同樣數目的小孩。但在擁有一頭公牛及一百頭母牛的動物育種單位，每頭犢牛的一半基因體遺傳自其母親，另一半則遺傳自該頭公牛，因此平均來說，較為稀罕的性別（在此例是雄性）擁有較多的小孩。換個方式來說，如果某個社會的男性比女性多，那麼每加入一位女性，都保證能找到丈夫，而每加入一位男性，則要夠幸運才能找到太太。這種簡單的過程，將增加較稀罕性別的出生率，因此五十比五十的性別比例，也將得以恢復。

就我們所知，在決定其孵卵巢穴時，母鱷魚不會去計算附近有多少隻公的及多少隻母的小鱷魚；但如果鱷魚族群的性別比例有所失衡，例如氣候變化使得有更多雄性小鱷魚出生，那麼任何造成選擇較涼爽孵化地點的突變（因此將生出更多雌性小鱷魚），將提供生殖成就的優勢，因為生出的雌性小鱷魚之後將更容易找到伴侶。如此一來，天擇的三個條件：變異、遺傳性與生殖成就效應，將都具備；隨著時間過去，該突變將在族群中變得更常見。當性別比例再度接近五十比五十時，該突變的生殖成就優勢將不再存在，於是偏好生出雌性的突變也將逐漸淡出。

雖然人類新生兒男女的比例總是接近五十比五十，但在不同的人類族群之間，顯示遺傳性別的差異也是存在的。每當族群中有某個性別過多時，天擇將展開作用，偏好產生較少性別的等位基因，將性別比例恢復至五十比五十的平衡。

基於文化的理由，某些社會重男輕女；如果根據胎兒的性別墮胎，那麼男女出生的比例將會遭到扭曲。在中國，由於性別歧視造成的墮胎，每一百二十個男嬰出生，才有一百個女嬰；不用多久，中國將多出四千萬名年輕男子。但是只要時間夠長，天擇將會彌補過來，平衡也將恢復。當然，這個問題還有更吸引人的解決之道：姑且不論道德考量與情有可原的情況，準父母們在考慮將女嬰墮胎時，還應該考慮他們是更希望老有所依（養兒防老是中國的傳統），還是有孫輩延續血脈呢（生女兒對這點更有保障）。

我們已經看到，性演化成有效率且平等的機制，讓基因社會得以試驗不同基因的等位基因之間的合作。經由這種方式，性加強了天擇的威力，幫助基因社會適應變化的環境，以及消除有害的突變。基因社會組成的改變，是否都是起於天擇？是否有單純只靠機運而成功的等位基因存在呢？

第四章

柯林頓的悖論

「我們真正的國籍是人類。」

——威爾斯（H. G. Wells）

柯林頓在擔任美國總統期間，是人類基因體計畫的堅定支持者；該計畫是為了決定人類基因體確切的字母排列順序。從一九九〇年開始，該計畫持續了十三年，可說是科技進步搭了一回雲霄飛車；包括在抵達終點前還與一家私人營利公司展開了一場讓人驚奇的競爭。在整個計劃期間，柯林頓毫不吝惜給予該計畫額外的經費支援，最終也沒讓他失望。柯林頓在卸任後發表的演講中，經常談到他從花了二十六億美金

（他說是賺到了）的人類基因體計畫中獲得的神奇體認。

在一九九九年舉辦的千禧年系列演講中，人類基因體計畫的負責人之一蘭德（Eric Lander）告訴白宮的聽眾，就基因體而言，地球上任何兩個人都有九十九點九%是相同的。對柯林頓來說，這一點是最根本的體認：所有的戰爭、所有的文化差異，以及所有我們具破壞性的抗爭，都只是因為我們之間零點一%的差異？這樣的體認難道不能讓我們捐棄差異，為了我們共享的九十九點九%攜手合作？這個論點確實具有吸引力：如果我們所有人都有九十九點九%的相同度，那為什麼我們就不能和平相處呢？

不過正如蘭德指出的，這個論點還有另一面。零點一%聽起來很小，但讀者應該還記得人類的基因體有六十億個字母長，那就等於說，我們和鄰居的基因體之間，存在有六百萬個字母的差異。這六百萬個字母的差異，是否足以解釋人與人之間的某些對抗？

我們甚至不需要去找鄰居來發現這層差異，我們自己的每條染色體中就有兩套備份，因此我們不妨比較自己從母親處與從父親處接受的染色體。你遺傳自父母的兩套染色體有九十九點九％是相同的，其間就剩下零點一％的差異；難道說，我們會因此跟自己過不去嗎？

想要瞭解是什麼造成了人與人之間的差異，我們需要對那零點一％研究得更仔細些。讀者該記得突變的造成，與我們重新將一份文件打字輸入時，經常發生的意外拼字錯誤類似。最常發生的拼字錯誤，是基因體上單一字母（鹼基）出現改變。這種單一字母的差異非常常見；最早向柯林頓總統報告的零點一差異估算值，就是基於這種單一字母錯誤。

另外一種拼字錯誤，是插入或剔除一或多個字母。我們對人類基因體的研究越多，這種拼字錯誤也比原本所想的更多。整段染色體區域的備份數目（其中可能包含一或多個基因），可因人而異。也就是說，你鄰居的基因體可能有兩個備份的 *CCL3L1* 基因（他的兩個十七號染色體上各有一個），而你的基因體可能有五個備份（兩個位於遺傳自母親的十七號染色體，三個位於遺傳自父親的十七號染色體）。如果真的是這樣，那你算是走運了，因為 *CCL3L1* 基因負責生成的蛋白質，能阻斷人類免疫缺乏病毒（ＨＩＶ）進入免疫細胞的通路；擁有越多 *CCL3L1* 基因備份的人，就越不容易感染ＨＩＶ。

這種基因備份數目的變異，經發現分布廣泛，使得不同人的基因體之間的差異，大幅增至零點五％，或是說有三千萬個字母的差異。這麼一來，柯林頓是否還會宣稱三千萬個字母的差異微不足道，不足以解釋人與人之間的爭鬥不休？我們稱此為柯林頓悖論：從一方面看，人類的基因體之間有九十九點五％是相同的；但從另一方面看，其不同之處也多達三千萬個字母，難以讓人忽視，也值得我們更仔細探究。

人的身高、膚色以及臉部特徵大部分是經由遺傳的；許多更細微、讓我們獨一無二的變異，也都寫在我們基因當中的某個組件。這些變異當中，有些會讓我們罹患疾病的難易度不同。例如，我們每個人都有一組帶有血紅素編碼的基因，血紅素負責在全身輸送氧，如果在這些血紅素基因當中，有一個帶有某個單字母突變，並同時從父母都遺傳了這個突變基因，就會引起鐮刀形細胞貧血（sickle-cell anemia）。有趣的是，如果你的基因體帶了一個有缺陷、一個正常備份的血紅素基因，那麼不只是沒有問題，同時你還不容易染上瘧疾。這樣的基因組成在瘧疾肆虐的地區，將給人帶來顯著的生殖成就優勢；也因為如此，該突變的等位基因在瘧疾肆虐地區相當常見。個別突變通常不全是好事，也不全是壞事，其結果取決於環境而定，例如是否同時從父母處取得了該基因，以及當地環境情況等。

人類基因體中的兩萬個基因當中出現的突變，可以為罹患疾病鋪路。到目前為止，已有超過六千五百個基因突變與特定疾病扯上關係。大部分這些突變並不保證疾病會發生，如果真是這樣的話，該基因將很快會經由天擇而從基因社會除去。反之，由於和環境以及其他基因變異的複雜互動，它們只不過是稍許增加了生病的可能。疾病要發生之前，必須經過複雜的步驟過程，就如同癌症的例子：單是一個突變本身，不足以導致發病。

進出非洲

隨著基因體定序技術的不斷進步，把個人基因體定序的花費，已經不再昂貴到難以負擔。只不過從頭到尾閱讀某人的基因體將不會有什麼啟發性，把取自兩個人的基因體序列相互比對，找尋其中的差異，將會更有收穫。想要看出細微差異的重要性並不容易，但其龐大的數量本身，就能提供有用的資訊。從柯林頓悖論，我們可以預期有六百萬個不同字母的發現（在此忽略剔除或重複的部分）。如果我們先把自己的基因體與親兄弟的相比，然後與堂表兄弟的相比，最後再與陌生人的相比，將會發現其中差異的數目增多。這點並不會讓人感到訝異，我們與親人相比，自然要比與陌生人相比，來得更相似。越相近的兩套基因體，代表它們擁有更接近的共同祖先；換句話說，它們的親緣關係越近。

以我們父母、祖父母、曾祖父母以及我們自己的基因體為例：我們從父母處各遺傳了一半的基因體，從四位祖父母處各遺傳了四分之一的基因體，以及從八位曾祖父母處各遺傳了八分之一的基因體。這代表說，我們的基因體有四分之一與外祖父相對應的四分之一相同（在此忽視新近引進的少量突變）；剩下的四分之三與你的基因體也只有零點五％的字母差異，一如兩位完全無關的人。因此，我們與外祖父的基因體差別有零點三七五％，比零點五％少了四分之一。同樣地，與完全無關的人相比，我們與父母基因體的差異比零點五％少了二分之一，與曾祖父母的則少了八分之一。

讀者可以想像一下從這些基因體的相似度來建立自己家族的系譜：你把家族中每

個人的相片放在桌上，以線條把帶有最相似基因體的兩個人連結起來，然後再連結帶有次相近基因體的兩人，以此方式繼續下去，直到你得出一個每個人都彼此相連的樹狀圖來。也就是根據基因體建立的家譜，你會把每個人與其父母相連。如果把兄弟姊妹也包括進來，這個方法會變得更複雜，因為手足與父母和子女一樣，都共享了半數的基因體。想要弄清楚手足在家譜中的準確位置，將有必要比較其基因體的確實鹼基字母序列。

在每一組手足當中，其基因體將有一半是相同的（圖 4.1）：他們每個人都從父親與母親處隨機遺傳了半數的基因體；因此對任一基因來說，兩位手足從其母親處都遺傳了同一個等位基因的機率，是二分之一乘以二分之一，等於四分之一。他們從父親處遺傳了同一個等位基因的機率也等於四分之一。結合起來，他們遺傳了來自父親或母親相同等位基因的機率，是四分之一加四分之一，等於二分之一。對於親堂表兄弟姊妹來說，其共同遺傳的部分可以用二分之一（例如親表兄弟姊妹的母親是姊妹）乘以二分之一（由姊姊生的小孩與她共享了二分之一的基因體）乘以二分之一（由妹妹生的小孩也與她共享了二分之一的基因體）計算；因此，親堂表兄弟姊妹共享了八

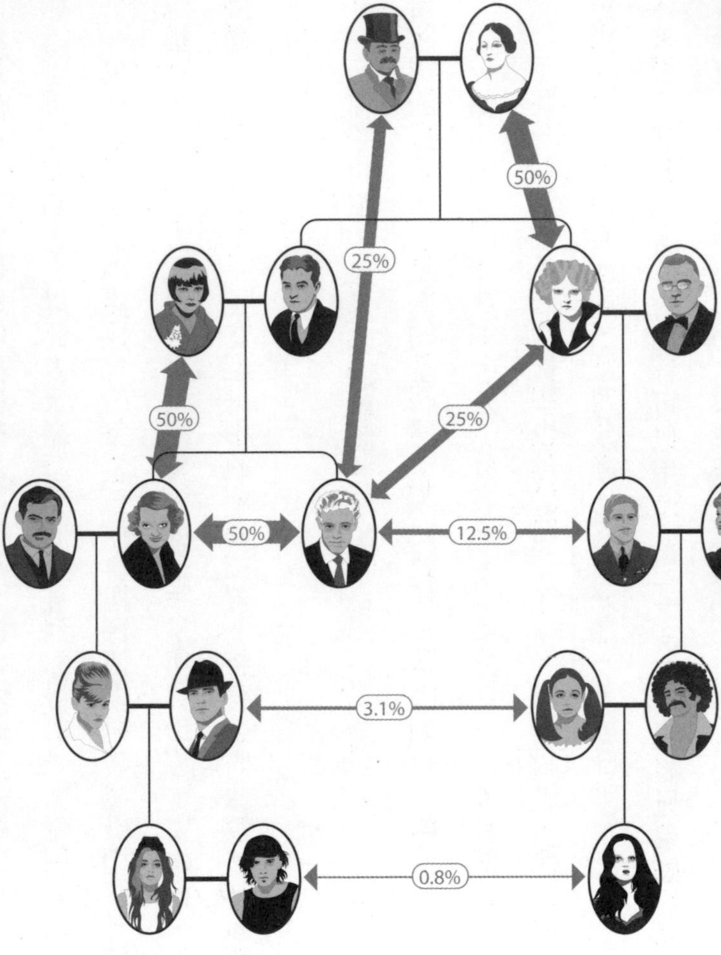

圖 4.1： 基因體的家族系譜。圖中的比值，代表每一代基因體的相似程度，要比兩個陌生人之間的相似度高出多少。

分之一的基因體。這並不是說堂表手足的基因體字母序列只有八分之一是相同的，因為任何兩位陌生人的基因體就已經有九十九點五％是相同的；那是說對兩位堂表手足來說，他們之間的差異不像陌生人那樣是零點五％，而是零點四三七五％，比零點五％少了八分之一。隨著一代代過去，家族成員間的相似度也不斷遞減；但以人類這個大家族而言，我們之間的相似度仍然都有九十九點五％。

那麼整個人類的家族系譜又會長得像什麼樣？隨著時間越往回走，該系譜將擴大到許多人，一路上也會發現越來越多的遠親。我們的上一代只有父母二人，再上一代則有祖父母四人，接著是曾祖父母八人、高祖父母十六人，以此類推。如果我們根據這個邏輯繼續往回推四十代，那麼我們將會有一兆個曾曾……曾祖父母；這個數字是今日地球現存人類數目的兩百倍。這可是個不可思議的大數目，那是因為時間越往回溯，分屬於我們母系與父系的人，通常是同一批人。例如你的祖父母是親表兄妹，那麼你應該把他們共享的祖父母（你高祖父母中的兩位）只算一次。人類的歷史是一張關係網，家系在其中分分合合；這種家族系譜形成的交織網，訴說了我們祖先的動人故事。

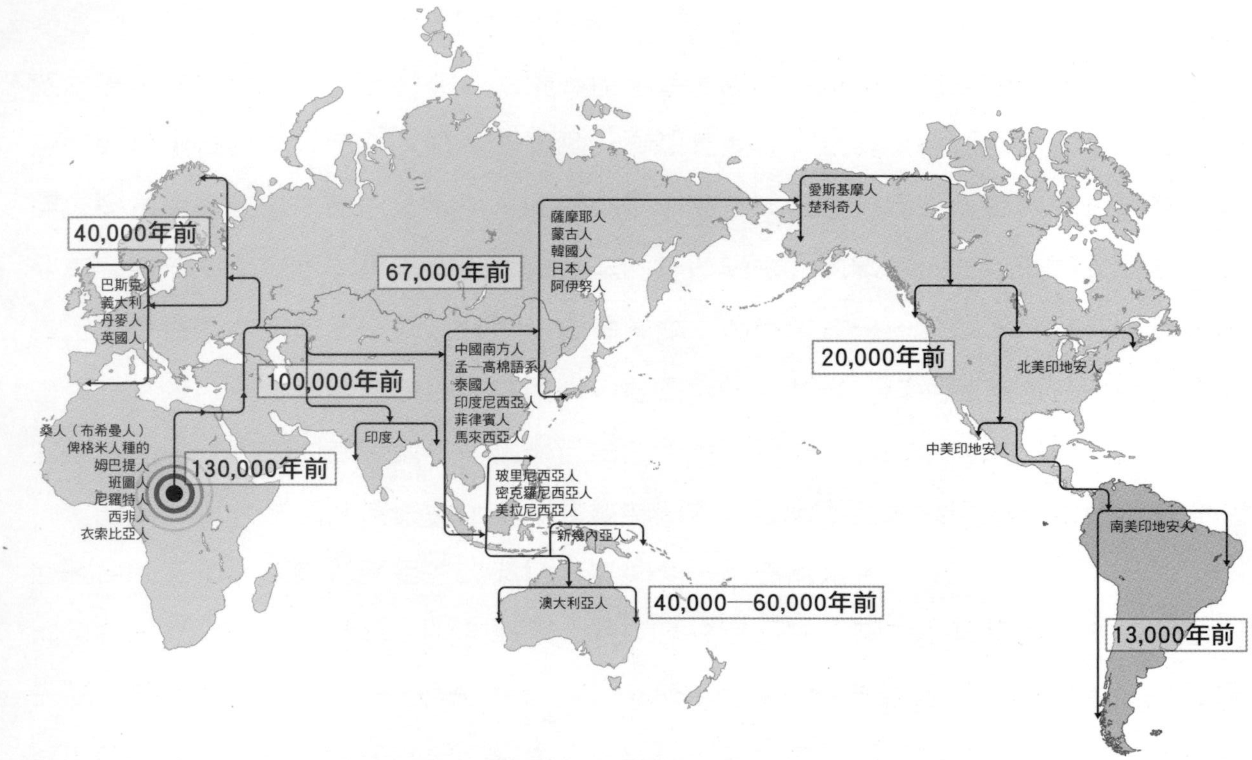

圖 4.2： 圖為全球基因體關係的家族系譜，反映了人類（智人）從非洲遷徙到其他大陸的過程；圖中數字顯示了這些遷徙是在多久以前發生的。在近十萬年前，人類（智人）最早走出非洲向外探險之後，花了超過八萬年的時間，最終在一萬三千年前抵達南美。

根據基因體相關性的原則，我們可以建立起把世界上所有人都連結起來的基因體家族系譜（圖 4.2）。這種系譜圖可以不同的詳細程度構建，但就本書的目的而言，我們只看根據最強相關性的關係所建立的系譜。系譜中某些關係並不讓人訝異，例如法國人與法國人之間的基因體密切相關，同時也與法國比鄰的比利時人、瑞士人及德國人的關係密切。這四個國家人民的基因體，與其他歐洲國家人民的基因體也相當近似。一般來說，從大處而言，只要是取自同一個大陸的基因體，都非常相近。

從這樣的系譜圖所顯示的關係，不只是反映了今日世界上人種的分布。每當有個人或群體遷移至新的地域，他們也同時攜帶了他們的基因體。他們保留了與原居住地居民相似的基因體，同時經由與新鄰居的混雜，而逐漸被稀釋。因此，人群之間基因體的相似度，就可以用來重建早期人類的遷徙史。

來自同一大陸的人們有較密切的親緣關係，但有一種例外：我們如果拿非洲某部落成員的基因體，與另一部落成員的基因體相比，其基因相似度可能要比韓國人與德國人，或是阿拉斯加人與澳洲原住民之間的相似度還低，這點可能會讓人訝異。想要了解為什麼會這樣，我們必須把時間回溯到很久以前的過去。從人類基因體相似度的型態，顯示具有現代人解剖構造的人種，約在四十萬年前於非洲演化現身。位於非洲的不同族群彼此獨立生活時間夠長，以至於分離出可由其基因體分辨的部落。接著，不到十萬年前，有一小群人向北遷徙，越過撒哈拉沙漠進入中東。與留在非洲的人相比，這批遷徙者屬於同質性相對較高的群體。我們知道這群人由少數幾個大家族組成，因為他們身上攜帶的等位基因，只是目前還存在非洲人當中的一小部分而已。他們的這趟長途漂泊可是驚人地成功，其後代在全世界各地都找著了新家。

人類基因體上的紀錄，顯示了人類在擴張領域時所邁出的步伐。在所有非洲以外地區的人類基因體當中，以住在中東地區的人與撒哈拉以南地區的非洲人基因體最相近；中東地區是人類祖先從非洲出走、走向全世界的第一個落腳處。有些人類的老祖先從中東地區沿著海岸再往東走，落腳在東亞及澳洲。稍後，有另一批人從中東往外向北走，來到了歐洲。在不算太久遠的兩萬年前，來自亞洲的人跨越了阿拉斯加、進入北美洲；之後人類又花了將近一萬年時間，才擴散到南美洲。大約四千年前，包括太平洋諸島在內的大洋洲，成了人類在地球上定居的最後一塊區域。

由於人類的這些遷徙活動，目前所有住在非洲以外地區的人類（除了在過去幾百年間離開非洲的非裔），都是少數幾群跨越撒哈拉沙漠的狩獵採集族群的後代。那些留在非洲人類的基因體仍保留了他們原始的差異，這也是他們的基因體之間擁有最大差異的原因。但我們要提醒自己的是：每一個人的基因體幾乎都是相同的，不論這個人住在哪裡或從哪裡來，都不會改變這一點。

細菌提供了進一步的基因體證據，證明人類祖先是起源於非洲、然後向外遷徙的。當最早的一批人類祖先離開非洲、最後繁衍到世界各地時，他們並不是獨自成行，還有另一個物種的生物舒適地躲在他們的胃裡隨行，那就是幽門螺旋桿菌（*Helicobacter pylori*，簡寫為 *H. pylori*）。所有現存的人類當中，至少有半數人都感染了幽門螺旋桿菌，使得幽門螺旋桿菌成為分布最廣的病原菌。對大多數受到感染的人來說，並沒有長期的不良後果，但在某些人身上卻會引發胃炎，也就是胃的急性或慢性發炎。遭到幽門螺旋桿菌感染的人，終其一生要比沒有感染者多出十％的風險罹患慢性潰瘍，以及多出一％的風險發展出胃癌。幽門螺旋桿菌只住在人類的胃當中，小孩是從他身邊的人感染這種細菌；因此，幽門螺旋桿菌大都存在於攜帶者的家族當中。

當我們從住在不同地區的人胃裡、分離出幽門螺旋桿菌，並比較它們的基因體時，我們就能重建該細菌的「遷徙」史。由於幽門螺旋桿菌與人的關係親密，因此該細菌的遷徙史與從人類基因體得出的軌跡非常相似，也是意料中事。隨著離開非洲的距離越遠，幽門螺旋桿菌的基因差異越小，一如人類的基因體；也就是說，所有從非洲以外地區取得的幽門螺旋桿菌基因體之間的相似度，要大於從非洲不同地區取得的幽門螺旋桿菌基因體。幽門螺旋桿菌的遷徙路線反映了人類的遷徙路線：先是跨越了撒哈拉沙漠進入中東，然後繼續前往歐洲與亞洲；從亞洲再繼續來到澳洲、美洲，最後則是到達大洋洲。

更往近來看，大約四千年前，家鄉位於北非的班圖族（Bantu）展開了一場大遷徙，從北非往整個非洲散佈；經過兩千七百年後，到達南非。這些人身上攜帶的幽門螺旋桿菌變種，也跟著一起移動。我們可以追蹤從十五世紀開始，隨著歐洲人征服全球的殖民大擴張，也跟著一起移動的幽門螺旋桿菌。目前，一般出現在歐洲人身上的幽門螺旋桿菌，可在少數美洲原住民、非洲人以及澳洲人身上發現。還有，西非居民身上攜帶的幽門螺旋桿菌，可在某些非裔美國人身上發現蹤跡，這是始於十七世紀、終於十九世紀中的奴隸販賣造成的結果；這對演化的歷史來說，只不過是一轉瞬的時間。

可以嘗到及看到的演化

人與人之間的基因體差異可有百萬個字母之多，但這些差異能提供重建人類歷史的資訊卻相當有限。對基因體當中帶有兩種不同版本的位置（好比有人帶的是C，有人帶的是T），其中八十五%可以拿我們自己的一條染色體與鄰居的染色體比較，或是與住在地球另一面的人的染色體比較，而得出這種差異；甚至我們還可以在自己體內兩條相對應的染色體上找著，因為我們的基因體一半遺傳自父親，一半遺傳自母親，它們之間也是不同的。

換句話說，絕大多數分布在鄰里鄉親、甚至個人基因體裡的變異，並不能分辨不同的種族。柯林頓確實有理由為人類擁有的手足關係感到安慰，因為人類基因體當中的差異，只有十五%左右對於分辨不同族群有所助益。再來，只有非常少的變異專屬於某個族群，也就是說，某些新近演化出來、並且很少與外人通婚的族群。專屬於某個族群的變異，指的是所有該族的成員在基因體的特定位置上都帶有相同的鹼基字母，而地球上所有其他人在該位置都帶有另一個字母。這種專屬於少數族群的等位基因之所以存在，是有什麼演化上的原因呢？

大多數專屬於某些族群的等位基因，都與環境有關。一個主要的例子是膚色，也是身體對地理位置的一項重要適應。膚色是妥協的產物：深色的皮膚提供保護，免於受到陽光的紫外線傷害，對於住在靠近赤道區域的人特別重要。如果有過多的紫外線穿越皮膚，時間長了，將可能傷害DNA，加速皮膚癌的演化；這也是帶有淺膚色的人應該使用防曬乳液的理由。不過，皮膚吸收過少的紫外線也有壞處，因為我們身體使用紫外線來製造維生素D，那是促進腸道吸收像鈣與磷酸鹽這些必要化學物質的重要分子。要是沒有足量的紫外線穿透皮膚表層，體內將不會有足量的維生素D；沒有了維生素D，將增加骨骼發育不良的風險，在孩童身上出現稱作軟骨症（Rickets）的毛病。

在防止生成皮膚癌與合成足量維生素D之間取得的最佳妥協，就是將皮膚色澤定在某個程度，可讓恰好足量的紫外線通過，以製造所需數量的維生素D。這種「設定」是由天擇所成就的：根據當地的陽光照射量，造成膚色過深及造成膚色過淺的膚色基因，將會被提供最佳平衡的等位基因給超越並取代。接近赤道地區，強烈的陽光照射將揀選出對紫外線有最強防護的基因，以及相對應的深色皮膚。但在緯度超過三十度以上的地區，陽光以更低的角度穿過大氣層，強度也更弱；對於深膚色的人來說，這點將妨礙維生素D的生成。最佳的膚色可以由一個簡單的公式正確預測；與該預測符合的，是不同版本的膚色基因主導了在不同地理位置的基因社會（圖 4.3）。

由於天擇是緩慢的過程，我們的膚色不一定就反映了我們目前居住所在地的紫外線輻射程度。膚色所反映的，是我們許多代的祖先所經驗過的紫外線輻射。人類在今日全球化世界的移動性，是造成許多淺膚色的人需要塗防曬乳液的理由。紫外線輻射的程度

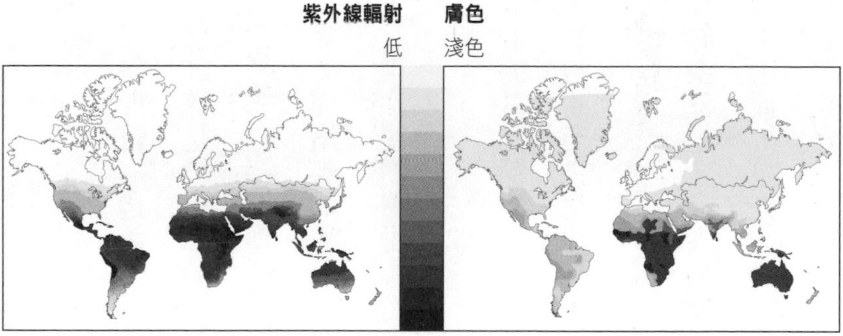

圖 4.3： 全球紫外線輻射強度與當地人膚色的分布情形。在全球大部分地區，能提供當地最佳膚色的等位基因，在基因社會中成為主導。但中南美洲是個例外，因為這些地區是在不到兩萬年前，由帶有淺膚色的人在此定居；對天擇來說，這段時間仍太短，不足以揀選出合乎理想的較深色皮膚。

在近年來有所增加，也使得需要防護的需求也增加了。反之，擁有深色皮膚、住在更高緯度的人，經常可經由在飲食中添加維生素D而獲益。

當然，膚色不是一成不變的；經由曬黑，我們也能夠即時「適應」陽光的輻射程度。膚色是由黑色素的活性決定，那是由位於皮膚底部的特化細胞所製造的色素。黑色素能吸收光線，因此可保護更深層的細胞。當接觸過多的紫外線，將導致皮膚的DNA受損，於是製造更多的黑色素。只不過這種應需要而增加的黑色素生成是有限的，這也是為什麼我們一生下來就已帶有膚色，反映了我們祖先所經驗過的陽光幅射程度。

消化乳製品的能力，是另一個可用來分辨不同族群的基因體變異的例子。身為哺乳動物，人類在嬰兒時期是以母乳為食，我們的基因體也帶有消化母乳中主要糖分乳糖的酵素編碼。我們的基因當中有一個負責了乳糖酶（lactase）這個蛋白質的編碼，這個酵素可將乳糖切割成葡萄糖及半乳糖這兩個較小的糖分子。在人類歷史的大部分時候，只有在孩童的早期，飲食中才有母乳可供食用；因此，早先的設定是在小孩停止接受餵奶後，就會把乳糖酶基因關上。狩獵採集族群的飲食以植物為主，偶而才補充些肉類及魚類。因此，好幾千年以來，人類在停止吸奶後把乳糖酶的基因關上，以保存體內資源，可是非常合理的舉動。

在西元前八千年左右，當中東地區的農夫開始馴化動物，並收集其乳汁後，人類的飲食就出現了巨大的變化。時至一萬年後的今日，西方國家中已有九十%的人都對乳糖具有耐受力，也就是說他們在成年後也能夠消化乳製品。這些地區的基因社會已演化出在斷奶後仍保留乳糖酶基因的表現；但是在某些亞洲及非洲的族群，他們並沒有豢養乳牛的傳統，因此這些族群只有約十%的人在成年後還繼續製造乳糖酶。具有最高比例成年不耐乳糖的族群，是美洲原住民，他們只有在最近幾世紀以來，才接觸到乳牛養殖業。

要把過了嬰兒期之後、將乳糖酶基因關上的開關除去，只需要在該基因的控制組成中更換一個字母。人類在六歲以前很少有人是不耐乳糖的，這個年紀要比狩獵採集族群文化中一般斷奶的年紀稍晚。我們不難想像，在某個古早、天生對乳糖不耐的部落擁有馴化的牛，如果族群中有位女孩一生下來就在乳糖酶開關上帶有某個隨機突變，那麼她將擁有巨大的優勢。這位女孩在過了六歲以後，仍保有對乳糖的耐受力，將能利用寶貴的食物資源；她在食物短缺時能有更大的生存機率，同時出現因營養不良導致疾病的風險更低。由於帶有這些優勢，這位女孩有可能比其他女性生出更多小孩。該新突變只會出現在該女孩兩條染色體當中的一條，因此她的小孩中有半數將遺傳該突變，也能享有同樣的好處，包括生出更多數目的小孩。於是，天擇的三個條件就都符合了；其過程雖緩慢，但確定該突變將在那個飼養牛的部落中，取代了不耐乳糖的等位基因。

以演化的時間尺度而言，一萬年前牛的馴化是非常晚近的事。多虧了從三千八百年到六千年前的歐洲人骨骸，以及一九九一年在蒂羅爾阿爾卑斯山（Tyrolean Alps）發現有五千四百年歷史的「冰人奧茲」身上萃取的ＤＮＡ，我們已有可信的證據顯示，乳糖耐受力在歐洲出現，只有三千年到四千年的歷史；因為從上述ＤＮＡ標本取樣中，都沒有發現乳糖耐受力的突變，顯示該突變在古老的基因社會中是很稀罕的。

諷刺的是，時至今日，不耐乳糖卻被認為是一項缺失；事實上，在大部分的人類歷史中，不耐乳糖才是自然的健康狀態。如果你屬於不耐乳糖者，那只不過是說，你身上帶有某個在基因社會中逐漸褪流行的等位基因罷了。不過乳糖耐受力的演化可能還有另一種走向：居住在肯亞南部和坦尚尼亞的馬賽人，豢養乳牛的歷史非常悠久，但當他們當中大部分人不耐乳糖。他們將牛奶凝固，如此將降低其中的乳糖含量，這可能使成人的乳糖耐受力在群體中失去優勢。

幸運基因

造成膚色差異以及乳糖耐受力的基因變異，正是柯林頓總統所關切、造成人與人之間明顯不同的基因變異。這些性狀的演化清楚展示了天擇的威力，但它們卻屬於例外。我們每個人之間存在的三千萬個差異，並不是為了適應不同的環境而出現的。那麼，它們為什麼會存在？又扮演了什麼樣的角色？

你和你鄰居的基因體之間存在的三千萬個差異，大多數都對你們兩個人沒有影響。為了自身的好處，彼此合作以建立並控制你身體的眾多基因，分散存在於你的染色體上，它們之間由大段的DNA分隔，但這些分隔區段對基因的工作並無助益。

人與人之間的三千萬個差異，大多數就位於基因之間的這些孤島上。

另一個使這些差異產生較小影響的原因，是之前在第二章談到過的：我們基因體當中「有用」的部分，是以相當寬泛的編碼寫就的，其中就算有些拼字錯誤也能正確解讀。英文這種語言也差不多，試看下句：comsirer how eahily yhu caw unjerstanf thhs tessed-ud sentcce（看看你能多容易就讀懂這個弄亂的句子consider how easily you can understand this messed-up sentence）。再來，基因體並沒有特定的「空間鍵」，分隔重要基因段落的區域，可能由隨意排列的字母組成。最後一點，人與人之間的許多差異，來自許多早就存在於基因體其他位置的重複區段。

如果說基因體當中的某個突變沒有什麼作用，那它為什麼不就此消失？天擇要求變異具有生殖成就效應，那麼沒有這種效應的突變，也就是「中性」突變，怎麼會變得廣泛分布？結果發現，這種突變在基因體當中的持續存在，可能就只是隨機造成的。

在果蠅身上做的某個實驗，可以顯示機率對基因體演化的影響。做實驗前，我們根據下列兩個標準先選出一百隻果蠅：其中一半是雄性，一半是雌性，以及一半帶有紅眼（這是果蠅眼睛的正常顏色），一半帶有白眼。果蠅眼睛的顏色是由單一個基因決定，至於是紅是白，對果蠅並無影響：白眼果蠅的視覺無礙，對異性的吸引力沒有更好、也沒有更差。接著，我們把所有選取的果蠅都放進一個舒適、密閉的容器（圖 4.4）。

過了一個世代之

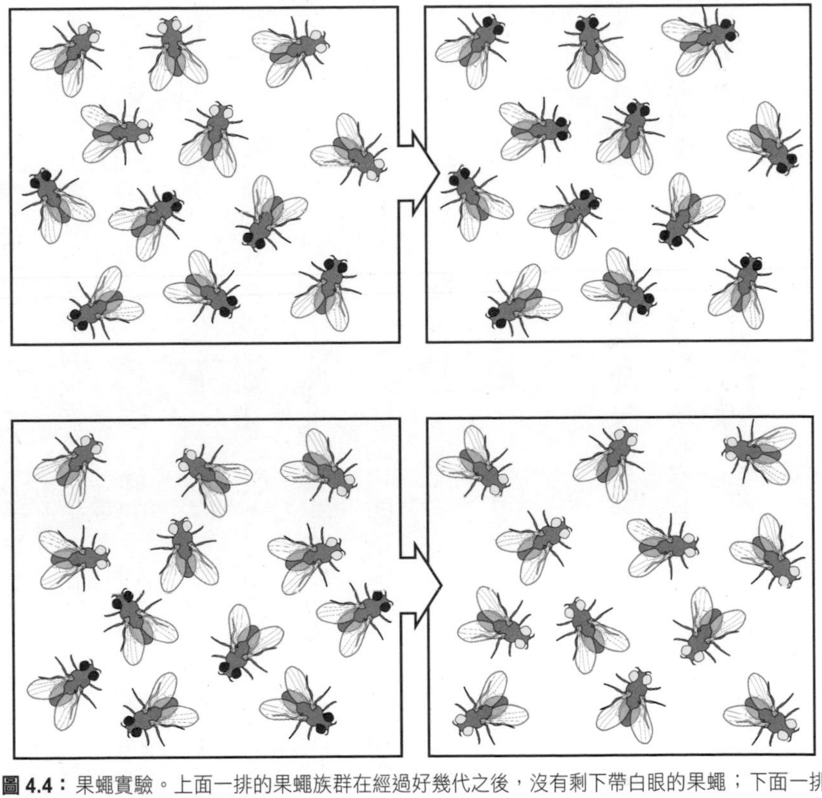

圖 4.4： 果蠅實驗。上面一排的果蠅族群在經過好幾代之後，沒有剩下帶白眼的果蠅；下面一排的果蠅族群，則出現相反的情況。

後，我們可能發現白眼果蠅所佔的比例有些許增高，好比從五十％到五十五％；這單純只是由於有性生殖的隨機性造成的，因為就算所有果蠅的生殖成就都一樣好，有些果蠅就是要比其他果蠅有更多子嗣。到了第二世代，白眼果蠅的比例又可能隨機降回五十二％，以及在第三個世代往回升到五十六％。我們可以說造成果蠅白眼的基因突變，在基因社會中「漂變（drift）」。在經過許多回的繁殖之後，某個族群中的果蠅可能都帶有白眼，這也是隨機造成的。到那一刻，該族群果蠅眼睛的顏色就不會再有改變，漂變也將停止。反過來的情形，也一樣可能發生。因為白眼果蠅的平均子嗣數目不會比紅眼果蠅來得多，因此，消失的也有可能是白眼突變。不論最後消失是哪種眼睛顏色，該基因變異也就此消失，一去不復返；當然啦，除非某個影響眼睛顏色的突變又再次出現。

相同的機率法則，也適用於人類染色體上的新突變。等位基因的性質裡唯一與天擇有關的，就是它自我複製的效率有多高。如果說新突變並沒有改變這項能力，那麼該突變將不會受天擇影響，只會隨機率而變。在基因社會裡所有沒有發生突變的等位基因當中，某條染色體上單一個等位基因發生的新突變，只算是少數民族；它很有可能在經過幾個世代之後就會消失，這也是大多數新突變的命運。這就好比我們展開上述果蠅實驗時，放入九十九隻紅眼果蠅及一隻白眼果蠅；在這樣的比例下，白眼基因要勝過紅眼基因的機率，可是非常低。但該突變也可能碰巧會逐漸增加其出現頻率，最終取代了原本佔優勢的等位基因。

果蠅實驗告訴我們的是，終究會有某個基因變種勝出。在基因社會裡同時有兩個功能相當的變種存在，很少會是穩定的狀態。當我們在某個族群中看到某種變異存在

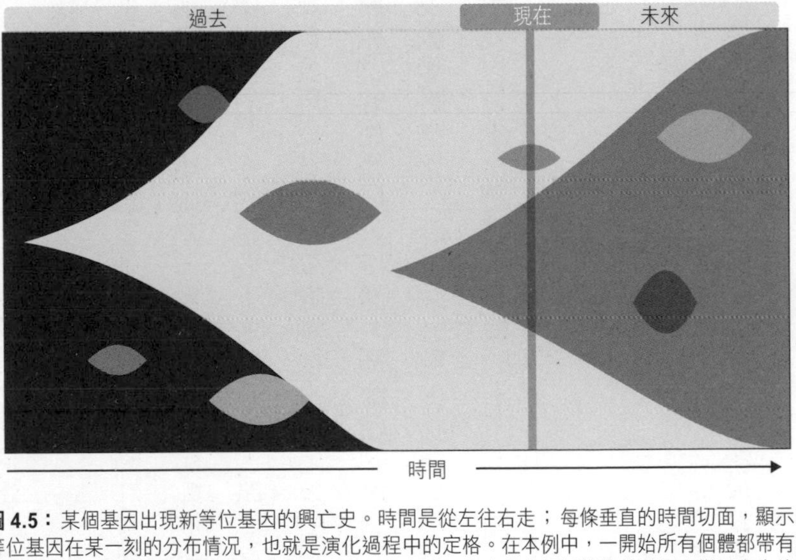

圖 4.5：某個基因出現新等位基因的興亡史。時間是從左往右走；每條垂直的時間切面，顯示了等位基因在某一刻的分布情況，也就是演化過程中的定格。在本例中，一開始所有個體都帶有黑色的等位基因。每個具有特定顏色區域的最左方尖端，代表著某個新等位基因因突變而產生的時間點。大多數的等位基因會迅速地消失不見，但有時候會出現一個新等位基因，在基因社會中獨霸，取代之前的等位基因。

時，我們看到的只是演化過程中定格的一刻（圖4.5）：該變種的命運還沒有確定下來，遲早該變種不是消失不見，就是取代其他的變種。

對每個變種（等位基因）來說，有個重點需要知道，那就是它在基因社會裡有多熱門；也就是說，有多少比例的基因體攜帶了該基因版本。舉例來說，與乳糖耐受力有關的等位基因，在所有人類基因體當中出現的頻率約是五十％。至於人與人之間的三千萬個差異，一般來說又有多普遍？我們發現只有非常少數等位基因出現的頻率較高；如果說它們提供了與乳糖耐受力突變相當的生殖成就優勢，那麼頻率增高是預期中事。反之，這三千萬等位基因中的大多數都屬罕見，最多只出現在百分之幾的基因體。這顯示出基因社會中大多數的變異，就只是生命遊戲中隨機的上下波動罷了。

非洲的基因體寶庫

人類遺傳學研究通常想要比較所有基因組成的多樣化個體，例如從歐裔、亞裔，以及非裔取得的DNA序列。但如同本章所言，如果我們比較來自不同非洲部落的基因體，其多樣性將會比取自歐裔、亞裔、美裔，以及澳洲裔的基因體之間的多樣性，還要來得更大。加入來自非洲以外的不同基因體，並不會增加多少從非洲當地取得的基因體多樣性，因為從生活在非洲以外地區的個體身上所觀察到的變異，大部分都可以在非裔的基因體當中找到；反過來則不同，許多非裔當中的變異，就只存在於非洲當地。

出現在非洲當地的基因體變異，大部分並不會影響非洲人的外表或生殖適應，但有小部分會。一如人的身體外型，在某種程度上，才能也是由遺傳決定，從我們祖先的基因體代代相傳。如果說某項才能，例如快速衝刺的能力，與某些特定的基因體變異有關，那麼很有可能在非洲某地的部落中，許多人（無論男女）都擁有這項變異；事實上，這項變異出現在非裔基因體的頻率，要比出現在歐裔基因體的頻率來得更高。其中緣由就只是因為整體來說，存在於非洲當中的基因變異，要比非洲以外的地區來得多。如果說有另一個變異會讓人在長距離跑得快，該變異出現在非洲某處的可能性，也會比出現在其他地方（好比說亞洲）來得大。這一點與哪種能力無關，就只是因為非洲人當中的變異性要比其他地方的人多得多，因此帶有最佳基因配備從事某項工作的人，更有可能生活在非洲大陸某處。這並不是說所有的非洲人在某項才能上都更有天賦；反之，更多的變異代表衝刺速度最慢的人，也可能出現在非洲。

近幾十年來，我們在夏季奧運會中的許多競賽項目中，都看到了這種全球分布不均的變異性造成的結果：這些項目都由非裔所獨佔。如今，在百米短跑的決賽中出現中國或法國的短跑健將，會是引人注意的例外，除非這些人帶有新近的非裔血統。

這個現象並非一向如此，由基因造就的才能是否得以表現，環境扮演了主要的角色。一九三六年在納粹德國舉辦的奧運會中，一位非裔美國人歐文斯（Jesse Owens）連同其他十七位非裔美籍運動員參與了比賽，此外並沒有土生土長的非洲人參賽。南非參加了該次奧運，但選派的都是白人選手。讓納粹感到氣惱的是，歐文斯囊括了跳遠、百米、二百米短跑，以及四百米接力賽的金牌，美國代表團中的其他九位非裔運動員也都獲得了獎牌。今日奧運會決賽中所見、由遺傳基因所決定的才能，在一九三〇年代的非洲人當中自然也看得到，只不過經過仔細調整的基因體本身，並不足以在執行某項工作上出類拔萃，還需要適當的訓練與支援，這一點對當時仍被殖民統治的非洲人來說，是無法取得的。

今日，歐裔或亞裔的運動員仍在許多需要技巧或花費昂貴的運動項目上稱霸；這一點不一定是因為他們在遺傳稟賦上更適合該項運動，而可能是因為在練習方法及獎勵指施比非洲人來得更完善普及。有朝一日，若非洲某個部落的小孩也開始下起西洋棋來，經過幾個世代之後，連續出現一批稱霸國際西洋棋壇的非裔冠軍，也不是不可能的事。

除了基因之外

在任何一天晚上，到紐約市一家有講笑話脫口秀的酒吧，你都能聽到有關人之不同的種族毀謗，不論是有關非裔美國人、墨西哥人、亞洲人、阿拉伯人，還是猶太人。在完成全球基因體調查之後，我們是否變得更加明智，而能夠指出這種種族歧視具有遺傳的根據？毫無疑問，世人存在著差異，許多差異也寫在基因體當中；但一如柯林頓所指出的，這些差異似乎沒有大到能支持種族歧視的地步。那為什麼種族歧視仍持續不滅呢？

為了讓討論有點深度，我們有必要知道在基因社會中出現種族歧視，是多麼容易的事；在此，我們可以談談「綠鬍子效應」。假設某個突變造成的等位基因會帶來兩個後果：一是遺傳了該變種等位基因的人會長出綠鬍子，二是他們會幫助同樣也長了綠鬍子的人。只要這項幫助對接受者的好處大於施惠者的代價（這在多數情況是合理的假設），這種行為將增加綠鬍子等位基因的生殖成就；也就是說，收穫比代價來得大，即便代價與獲得發生在不同的人身上。當然，我們可以把綠鬍子換成由特定等位基因引起的任何其他明顯特徵。

綠鬍子理論是由二十世紀最偉大的理論生物學家之一——漢彌爾頓（W. D. Hamilton）提出的（這個理論是由道金斯命名的，他也幫忙推廣了該觀念）；漢彌爾頓檢視了社會行為的演化。他把綠鬍子的想法推而廣之，提出利他主義（對他人有好處，自己卻要付出代價的行為）對你的基因會帶來好處，前提是受益者與你的關係比一般人來得更親。這也是我們願意支持自己的小孩、手足，以及堂表兄弟姊妹的理由。

這個洞見的另一面，是說惡意（對他人有害，對自己也沒有直接好處的行為）對你的基因會帶來好處，前提是受害者與你的關係要比一般人來得更遠。這是因為惡意會讓與你關係相對最遠的等位基因處於不利的位置，於是會給與你較親的人帶來好處。平均來說，這種做法與利他主義一樣，也會讓你的等位基因更進一步發展。因此，惡劣對待那些不大可能帶有與我們相同等位基因的人，將給我們所有的等位基因帶來好處，這就是種族歧視存在的一般性理論基礎。

雖然綠鬍子基因曾在螞蟻、黏菌，以及黴菌中發現，但至今還沒有在人身上發現過「種族歧視基因」。自有歷史記載以來，種族歧視就屢見不鮮，顯示其存在必有理由；這個理由很有可能是天擇青睞這類綠鬍子的變種。另一種有趣的想法，是說這樣的變種甚至可能無關乎基因，而可能與文化有關。應用在基因變異的相同天擇邏輯，也能用於文化變異：如果說有某種文化變異影響了子嗣的數目，同時下一代也遺傳了親代的文化，那麼這個「生殖成就高」的變種出現的頻率將會增加。

我們可以舉個簡單的例子。假設有某個族群可分成大小相同的兩個子群，其中一群人奉行平等主義，堅信不分背景，一視同仁地幫助所有的人；另一群人奉行菁英主義，只對屬於自己族群的人好（以髮型區分）。於是菁英主義者會比平等主義者獲得雙倍的好處，因為他們會從兩個子群的成員處得到幫助。造成的結果是，菁英主義者會養育出更多健康的下一代菁英主義者；不可避免的是，經過許多世代以後，平等主義的想法將逐漸失勢，就算這種想法的立足點更為高尚。

在這一點上，柯林頓是錯的：就算人與人之間超過九十九%的基因都是相同的，但不論理論還是歷史都告訴我們，只要有少數的自私基因（甚或是自私的想法）就足以強化種族歧視的行為。這一點不僅限於人類，動物亦然：染上了結核病的獾，會從自己的族群（與牠們血緣相近）移民到鄰近的族群（與牠們的血緣關係較遠），而傳染給「別人」。

至於具有潛力將人與獾區分的性質，是人類可以不只是基因的奴隸。我們可以選擇把理想超越於等位基因之上，而不只是基因的總和而已。

我們發現許多等位基因與其競爭者相比，並沒有什麼特別的優勢；因此，它們的命運操縱在機會手上。我們是否能經由功能，就輕易預測個別等位基因的命運？或是說某個等位基因的命運，取決於是誰遺傳了它？

第五章

複雜社會中的淫亂基因

「事物的存在與天性來自相互依附，與其自身無關。」

——龍樹菩薩，西元二世紀的佛教哲學家

一九二九年，匈牙利作家卡林提（Frigyes Karinthy）在一篇短篇小說中提出一個說法：任何人只要透過不超過五位的中間人，就可以與地球上任何人產生聯繫。這個理論由桂爾（John Guare）一九九〇年的成功劇作《六度分離》（*Six Degrees of Separation*）以及一九九三年的同名電影而流行起來。之後，該理論又激發了「凱文貝肯的六度分離」這個遊戲。在該遊戲中，給參與者一位演員的名字，然後要他試著與

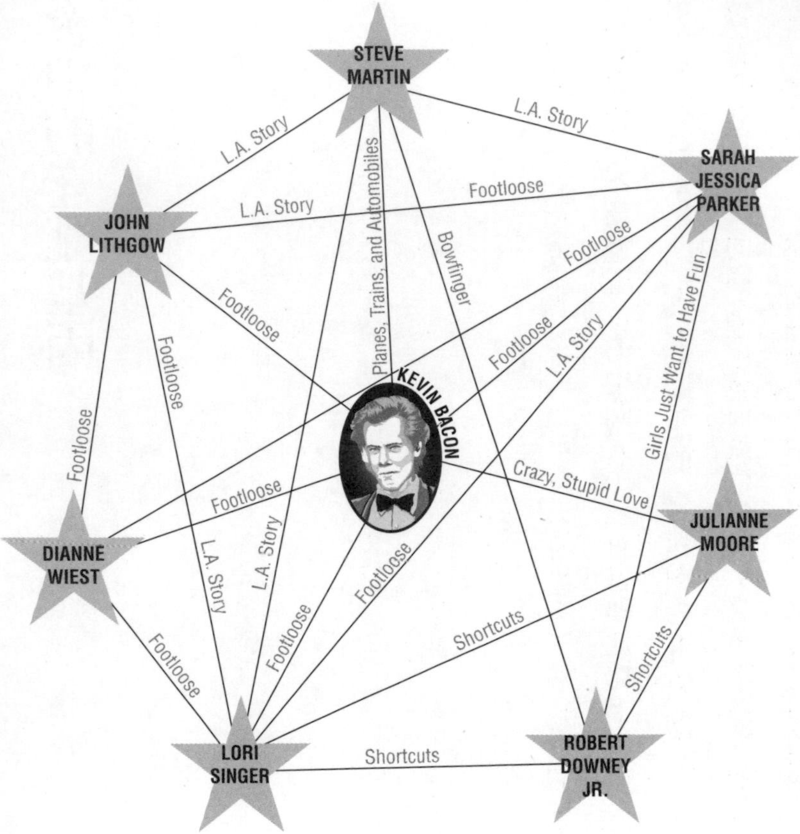

圖 5.1： 由演員共同出演過的電影作聯繫，得出的一張不斷擴大的關係網絡。圖中每位演員最多只需兩個連結步驟，就能與凱文貝肯連接。

凱文貝肯連結起來。舉個例子，如果給的演員名字是哈里遜福特，那麼參與遊戲者使用下述的連結關係，可以得出2分的貝肯分數：哈里遜福特與凱倫艾蘭合演了二〇〇八年的電影《印第安納瓊斯：水晶骷髏王國》（*Indiana Jones and the Kingdom of the Crystal Skull*），凱倫艾蘭則與凱文貝肯合演了《動物屋》（*Animal House*）。因為凱文貝肯演過許多各式各樣的電影，形成這種關係鏈所需要的連結點出奇的少。對大多數其他演員來說，這種遊戲也同樣有效；演員在他們一生當中通常都演了許多電影，而每部電影都包含許多其他演員，這種演員之間的關係，就像一張會不斷往外擴張的網（圖5.1）。

豌豆，兄弟

今日，孟德爾（Gregor Mendel, 1822-1884）被視為遺傳學之父，但他的工作在一九〇〇年以前都沒有得到認可。孟德爾出身貧窮的農家，靠著成為奧斯定會修士才得以上大學。大學畢業後，他住在奧地利的一所修道院，並在那裏進行了開創性的遺傳實驗。修道院的主教不同意孟德爾拿小鼠來研究遺傳，因為那將牽涉有性生殖；於是孟德爾改用碗豆來做實驗，心中暗喜：「主教不曉得植物也有性生活」。經過一系列設計與執行都出色的實驗及分析，孟德爾將他多年來的實驗結果發表在一份重要期刊《布倫自然史學會會誌》（*Proceedings of the Natural History Society of Brünn*）上；即便如此，他這份研究工作的重要性在發表後許多年後都沒有得到認可。想要瞭解基因如何與其他基因共同運作，我們先來看看孟德爾做過的一個實驗。

孟德爾選擇了好幾個性狀為研究對象，其中包括種子顏色、豆莢顏色、莖長，以及花色。例如，他會把帶有綠色種子的雌株與帶有黃色種子的雄株交配，然後觀察接下來幾個世代的結果。他發現每一種性狀的表現，都是一致且不可分割的單位，也就是說種子顏色不是綠就是黃，花色不是白就是紫。當孟德爾把帶有黃色種子的雄株與帶有綠色種子的雌株交配，生出的下一代碗豆種子裡有七十五％是黃色，二十五％是綠色（圖5.2）。從這個簡單的比例，孟德爾推論出決定碗豆種子顏色的實體，必然有兩種備份（如今稱為等位基因），一種導致黃色種子，一種導致綠色種子。他還發現，決定種子顏色為黃色的等位基因屬於顯性；也就是說，如果某株碗豆帶有黃色與綠色各一備份的等位基因，其生出的種子顏色還是黃色；只有在帶有兩個備份皆為綠色等位基因的植物，才會生出綠色的種子。在四種可能的組合下（YY、YG、GY及GG），三種帶有顯性的Y等位基因，都會生出黃色的種子。孟德爾的突破性發現，標誌了遺傳科學的開始。

關聯之罪

孟德爾發現，將植物雜交授粉，子代的遺傳性狀絕對不會如當

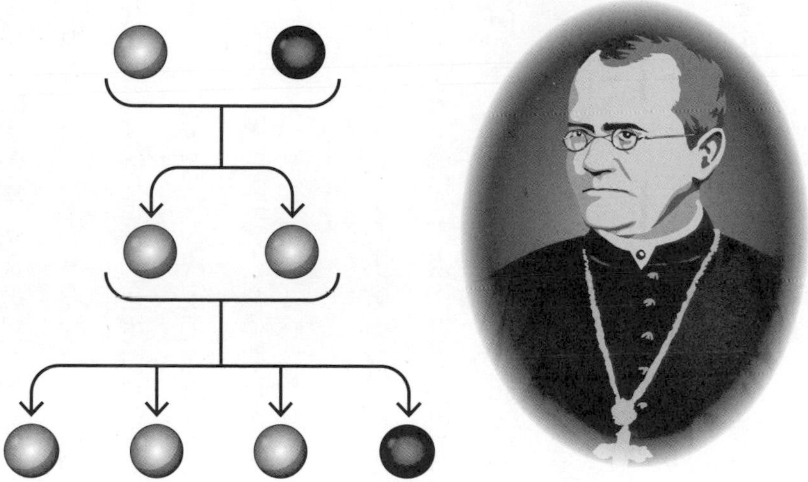

圖 5.2： 遺傳學之父孟德爾，以及他以豌豆所做的實驗。孟德爾把只生出黃色種子（淺灰）或只生出綠色種子（深灰）的豌豆株交配，生出的下一代碗豆種子，全部都是黃色。但再下一代生出的種子裡，黃色與綠色的比值是三比一。

時所認為的，是兩種顏色的混合；例如生出種子的顏色不是黃就是綠，而不會有中間的顏色。這似乎顯示基因與性狀之間，有單純的一對一關係。理論上，生物學家可以專注於任何單一性狀，並找出負責該性狀的基因與等位基因。在這種想法下，每一個可遺傳的性狀，都可以找到一個負責的基因：好比有個基因決定了你鼻子上的突起，有個基因決定了髮色，還有一個決定了食指的長度。同理，對每個可遺傳的疾病來說，必定可以找出某個致病的突變。

後來發現，實際情況比那複雜得多；雖然數量不算少的少數遺傳疾病可以歸罪於某特定基因的突變，但大多數的遺傳疾病卻不能夠。例如本書作者之一患有遺傳性淋巴水腫（Milroy's disease），那是由 *FLT4* 基因上單一字母的改變所引起；該基因參與控制了淋巴系統的發育與維持。該單一突變導致了由 *FLT4* 基因編碼的蛋白質上某個胺基酸遭到置換，造成該蛋白質有所缺陷，使得淋巴系統出現重大問題。遺傳性淋巴水腫是稱作孟德爾式疾病的明顯例子，也就是由一個缺陷基因引起的疾病。

只不過一般來說，疾病與基因的關聯並不是一對一式的；例如影響神經系統的漸進性疾病：帕金森氏症，可由三個基因中任一個基因出現突變引起。在正常情況下，這三個基因以團隊方式運作，將某些蛋白質分解，以免它們在腦細胞中堆積。就算這三個基因中只有一個失去功能，蛋白質分解也不能進行，於是開始堆積，結果造成腦細胞的功能也失常。

還有的情況，是一群共同運作的基因出現突變，會造成不同版本的疾病。在前一章，我們檢視了乳糖酶的演化；乳糖酶是把乳汁中主要的糖分：乳糖，分解成葡萄糖與半乳糖的酵素。半乳糖血症（galactosemia）是無法代謝半乳糖的疾病。如果給患有半乳糖血症的嬰兒餵奶，從半乳糖生成的有毒物質將在嬰兒體內堆積，並達致命程度，造成肝臟、腦部、腎臟與眼睛的傷害。

正常情況下，半乳糖經由一系列三個化學反應鏈、轉變成可消化的葡萄糖；負責這些反應的三個基因，其中任何一個出現突變，會造成不同型態的半乳糖血症。負責頭一個反應的基因出現突變，將造成視力模糊，屬於症狀相對輕微的半乳糖血症；第二個基因出現突變會造成典型的半乳糖血症，如不予以治療，將導致發育出現問題以及肝病；至於第三個基因突變，則可能造成或嚴重、或輕微的半乳糖血症。由於這三個疾病變種的症狀類似，因此都被歸入了半乳糖血症這個醫學名詞之下。

所有上述疾病都可回溯至個別等位基因的功能失調，這一點給人帶來希望，也就是說，理論上可以利用有系統的方式，找出每個負責的基因，以及當該基因失常時，會出現何種疾病。一旦醫生手上有這種對應的圖譜，他們就可能檢視你我的基因體，並開立合適的處方——甚至在我們還沒有感覺到任何症狀之前就能做到。

我們且來看看科學家如何找出基因突變與疾病的關聯。假定我們想要研究克隆氏症（Crohn's disease）這個腸道嚴重發炎的疾病。首先，我們需要集結一群相當數量的受試者，假定人數是一百：其中一半是克隆氏症患者，另一半則不是。接著，我們要測定出每個受試者的基因體序列；這項工作已經變得愈來愈簡單且便宜。然後，我們仔細檢查這些基因體，一次檢查一段DNA，看看這些受試者在該段DNA中的字母，是否與克隆氏症有所關連。假定我們發現，在第十六號染色體上的某個等位基因，位於5,727,514的位置是個T字的情況，只出現在五十位克隆氏症患者上（圖5.3）。由於五十比〇的極端比例，極不可能是由隨機造成，因此我們可以合理地推測，該等位基因是克隆氏症的良好預測指標。雖然五十比〇的強烈關聯性極為罕見，但如果受試者的人數夠多，重要的等位基因仍然可被偵測出來；這種方式的研究，稱為

「全基因體關聯分析」（genome-wide association study，簡稱GWAS）。

將全基因體關聯分析套用在六千三百三十三位克隆氏症患者以及一萬五千零五十六位的非患者身上，研究人員發現基因體當中有七十一個區域，可影響克隆氏症的發生機率。每一個區域都稱為一個「風險點」，因為位於每個區域的特定等位基因，都會增加發生該疾病的可能性。然而讓人訝異的是，全基因體關聯分析發

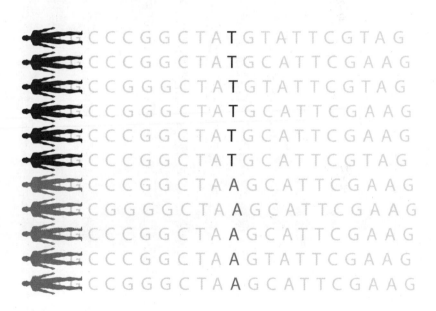

圖 5.3：全基因體關聯分析（GWAS）的目的，在於找出與臨床病症有所關聯的特定等位基因。圖中每一排列出的從不同人身上取出的相對應 DNA 片段。上方六排深色的人，是某種疾病的患者；下方五排則取自健康的人。位於中間柱深色的 DNA 字母，正好區分了這兩組人：所有患者的基因體在這個位置帶了 T 這個字母，而所有健康人在這個位置帶的是 A。這是一個線索，指出帶有 T 這個字母的等位基因可能導致了該疾病。

現，只有約二十五%的克隆氏症患者與這七十一個區域有所關聯；也就是說，許多遺傳性克隆氏症患者並沒有這些已知的等位基因。或許在這些已知的七十一個區域之外，還有更多的基因缺失也參與其中；若想要找出這些基因，需要進行更大規模的全基因體關聯分析研究。

還有另外的可能性：只有彼此相容的等位基因，才能在同一個基因體裡合作成功。有些基因社會的成員，其蛋白質產物就只是互動不良。至少對某些患者來說，有可能是兩個區域的變種，頭一次出現在同一個基因體裡，彼此相處不來。同樣的兩個等位基因在患者的父母身上與其他基因的組合，可能就運作良好，但結合在一起，就導致了發病。這種等位基因之間的互動，稱作上位性（epistasis）。從三個基因的失敗互動導致的帕金森氏症上，我們看到了上位性的運作。帕金森氏症代表的是個簡單的情況；通常疾病的產生有更多的基因參與，就像克隆氏症那樣。

如今，針對許多疾病，人們已進行了數以百計的基因體關聯分析研究，我們可以說大多數的疾病都受到大量基因的影響。此外，由於大多數與疾病相關的基因變種，也存在於一些健康的人身上，因此，等位基因的互動確實可能扮演重要的角色，一如等位基因與環境之間的互動。就算對一些已經研究多年的疾病來說，每一回新的基因體關聯分析，都會顯示出幾個之前沒有發現的基因與互動。因此，遺傳疾病研究強調的是，為了執行某個特定功能，許多基因必須以協調且複雜的形式集結在一起。

忒修斯腐朽之船

我們的身體是個非常複雜的機器，體內大多數的活動都過於複雜，不是單一個基因的蛋白質產物就能獨立完成。舉例來說，想要把食物裡的糖分轉變成可用的能量，必須經過數十個獨立的化學反應；而每個反應都需要稱為「酵素（enzyme）」的特殊蛋白質加速（催化），否則進行速度會太慢。至於每個酵素的作用，也高度倚賴同一過程中所有其他酵素的正常運作：如果位於該酵素之前的過程中，有個步驟失效了，該酵素也將無用武之地；如果是之後的過程中有個步驟失效，那麼將造成該酵素的產物堆積，經常出現災難性的後果。

我們再來看前一章提過的另一個例子：在生活了幾千年的地方，我們的基因會讓皮膚演化出最適合當地的顏色。膚色這個身體特徵看似簡單，卻受到至少十五個不同基因的等位基因影響。我們在前一章談過，人類在十萬年前開始離開非洲之前，每個人的皮膚都帶有不同色調的棕色，可保護身體免於遭到撒哈拉以南、非洲太陽的強烈紫外線輻射。生活在非洲大陸不同地區的族群，因應不同程度的紫外線而演化出各種色調的棕色皮膚。出了非洲，改變皮膚色素的新突變會一路受到天擇的推動，而在當地的基因社會中立足；這些突變當中有的是互補性的：生活在亞洲與歐洲的族群膚色都有相同的淡色皮膚，但決定其膚色的突變卻位於不同的基因上。這些對應的等位基因提供了相同程度的保護，但造成稍微不同的色度，有的偏粉紅色，有的偏黃色。

對於建立及維持我們身體的必要過程，沒有一個不是由許多基因的共同努力所造成。就許多方面而言，瞭解這些基因之間的互動，要比瞭解這些基因本身，還來得重要。我們可以來看看由古希臘哲學家提出的忒修斯之船（Ship of Theseus）這個思考問題，並由法國遺傳學家當玄（Antoine Danchin）用在基因的互動關係上：每過幾年，由忒修斯建造的木船會有一塊木板腐爛，需要更換；最終，所有原始的木板都會遭到更換而不存（圖 5.4）。

在這個思想實驗中，當一艘船的所有組件都被汰換了，那它還是同一艘船嗎？我們的看法是：它當然是。一艘船的特殊之處不在於其個別的木板組件，而在於這些木板是如何組成一艘船的。船上每塊木板的特性，與它們是什麼木頭不那麼重要，重要的是它們在設計圖中的位置，也就是與哪些木板相接。物件與物件之間的關係，而非物件本身，才是重要的。同理，我們若想體認每個基因的重要性，就必須瞭解

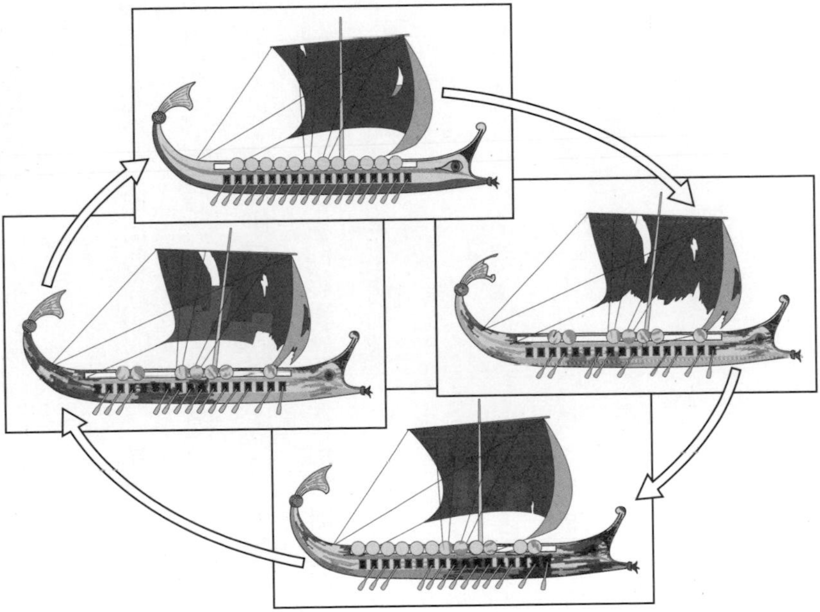

圖 5.4： 忒修斯之船。如果一艘船的腐朽部分陸續遭到更換，直到所有的原始建材都不存在時，那船還是原來的船嗎？

它與其他基因的功能互動。雖說我們只有兩萬個基因，但它們之間互動作用的數量可是龐大得多。

當基因共同合作完成某項工作時，不論是膚色還是代謝路徑，其間就有上位性在運作；一如我們在某特定一組基因中所見，只要有突變就會導致同一種疾病的例子。同時我們也知道，單一個基因可造成不只一種作用，這個性質稱作基因多效性（pleiotropy）。由於基因多效性，單一基因的突變可能影響好些在正常情況下、互不相干的功能，造成某個基因症候群；也就是與某特定疾病相關、同時出現的一群特徵或失常。

先前提過，好些遺傳疾病症候群屬於孟德爾氏遺傳：單一基因就能影響不同的過程；但單一突變要引起一系列多樣症候是不常見的，毛細血管擴張性失調（Ataxia-Telangiectasia）這種遺傳症候群是個例子，是由 *ATM* 這個基因的突變造成的病症。該症候群影響了神經系統與免疫系統，並造成不育、致癌體質、血管舒張，以及對放射線極度敏感。

由基因負責編碼的酵素（催化化學反應的蛋白質）通常不那麼挑剔，能分解不同的分子，屬於多效性的一種特殊形式。一個例子是由 *hCR1* 基因製造的脫羧醣酯酶 1（carboxylesterase 1），能分解各種不同的藥物，包括古柯鹼、海洛英以及派醋甲酯（methylphenidate，用於治療注意力缺失症，商品名是利他能）。具有多功能的基因，就好比演過許多電影的演員：每部戲裡的角色都不同，但演員是同一位。

有些諷刺的是，一個帶有好些看似不相關功能的基因例子，就存在於孟德爾選擇研究的一組碗豆表徵之中。孟德爾是這樣描述某個特定表徵的：

「關於種皮顏色的差異：種皮可能是白色，經常與白色的花相關聯；種皮還可能是灰色、棕灰色或皮革棕色，有時帶有紫色斑點；斑點的標準色是紫羅蘭色，翼瓣是紫紅色，葉腋的莖帶有紅色。灰色的種皮在滾水中會變成深棕色。」

如今我們已知，種皮的顏色必定是由某個多效性基因決定，同時該基因也控制了花色。

如果某基因具有多樣的功能，那麼該基因的不同突變，就可能分別影響每個功能，以看似不相干的方式對身體的完整性造成危害；一個例子是 *SOX9* 基因。如果某個突變完全消除了該基因製造蛋白質的能力，而破壞了該基因的所有功能，由此造成的結果是一系列驚人的症狀，包括性轉換、骨骼畸形，以及裂顎，但也有可能只出現一或兩個症狀。先前提過基因都擁有調節區，由分子開關控制其活性（圖 5.5）。這些開關是以相當特定的方式運作，像 *SOX9* 基因可能擁有三個獨立的開關：一個在睪丸中開啟，另一個在軟骨中開啟，第三個則在臉部發育時開啟。如果某突變破壞了這些開關當中的一個，那麼只有對應的 *SOX9* 基因功能會受到壓抑；結果是 *SOX9* 的控制區之一出現突變造成了性轉換，而另一個控制區的突變則造成裂顎。

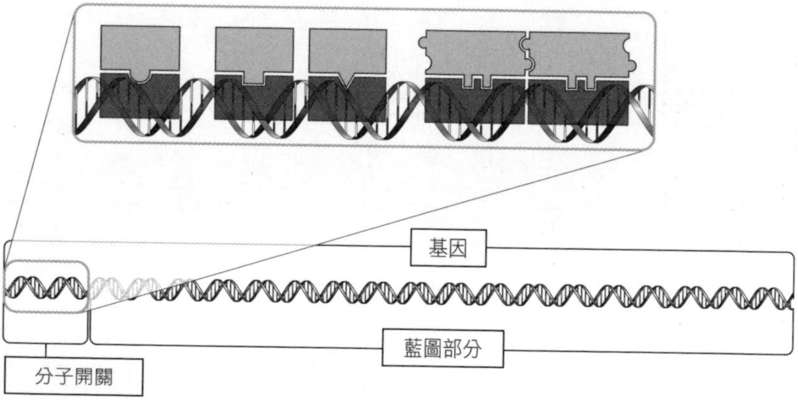

圖 5.5： 上方的圖示呈現了 *SOX9* 基因控制區的結構。其中深灰色圖形代表分子開關與特定蛋白質相接（淺灰色）的編碼序列，可調節 *SOX9* 蛋白質的產量。

細菌當中的雜亂團隊

我們的基因體建造並控制了我們的身體，那是由好幾百種不同類型的細胞、在數不清的方式互動下，所構成的生命體。我們離完整瞭解這些互動關係的那一刻還早得很，但這些基因的活動如何受到雜亂組成（多效性）與團隊合作（上位性）的影響，目前正進行研究之中。對於基因互動圖譜的可能模樣，可以從檢視控制大腸桿菌的基因體（比人類的簡單得多）一窺大概。大腸桿菌可以說是地球上被瞭解得最清楚的生物；大腸桿菌的簡單性使得研究變得相對簡單，也導致了分子生物學上許多基本的發現。由於大腸桿菌只帶有大約四千個基因，因此有可能瞭解並描繪其中大部分組成與合作關係。除了有這些發現，大腸桿菌的生物學還提供了一項見證：生物學離完整瞭解仍然很遠。因為就算是大腸桿菌這種簡單的生物，還是有近三分之一的基因功能仍然未知。

大腸桿菌的次級系統中，有個被研究得特別清楚的，是生化反應系統，也就是細菌的代謝：將不同養分轉換成下一代所需結構組織，其中的每一個化學反應，都由大腸桿菌基因體編碼的酵素負責。將大腸桿菌的基因與其生化功能相連的關係圖，顯示有超過一千三百個基因負責了兩千多個功能。取得這份關係圖需要進行精細的生化偵查工作，就算是揭開一個酵素的功能，也需要花上幾年的時間。

一如所有生物，大腸桿菌的代謝是件相當雜亂的事：幾乎有半數的基因都參與了多重化學反應的催化過程。其中也有上位性在運作：平均而言，每個基因的蛋白質產物會與其他兩個基因的蛋白質產物配對，形成蛋白複合體，以執行某項特定功能。在更複雜的基因社會中，雜亂性與團隊合作很有可能更為常見。

我們不難看出，多功能蛋白是如何出現的。大多數酵素都已經演化出針對一或多種特定化學物作用（它們偏好的受質），但它們也會對細胞內不常見的化學物質展現出一些「意外的」活性。如果環境改變，這些原本不受青睞的化學物質突然出現，並且可充當可能的養分，這時現存且不那麼挑剔的酵素，就提供生物一個簡便的起點，演化出新的代謝能力來。

雜亂性以及團隊合作使得基因之間的關係變得複雜，但它們在單一基因中也有作用。某個突變造成的後果，通常取決於同一基因中先前的突變。這種複雜性的例子之一，是貝他內醯胺酶（bata-lactamase），該基因的蛋白質產物與大腸桿菌對抗抗生素有關。直到最近幾年，尿道感染都是以盤尼西林這種抗生素治療；但目前有很大一部分大腸桿菌的貝他內醯胺酶基因上，帶有五種特定的突變，將其原本對盤尼西林只有中等程度的抗藥性，增加了十萬倍之多。當「沒經驗」的大腸桿菌接觸盤尼西林時，經由一個接一個的方式，累積了五個突變，而演化出抗藥性。這五種突變的發生順序，可以有一百二十種可能。在某些突變發生時，如果其他特定突變還沒有出現，那麼這些突變甚至會降低細菌對盤尼西林的抗藥性。結果是，在一百二十種可能的順序中，只有十種會導致細菌對盤尼西林的抗藥性有逐步的增加（圖5.6），這些路徑也就是天擇只能遵循的路徑。貝他內醯胺酶基因中的個別突變彼此相互依賴，它們只有以團隊方式運作，才會提供最佳的抗生素抗藥性。

貝他內醯胺酶基因當中的某個突變，可以影響其負責編碼的蛋白質好些特性。經由研究某突變造成不同作用（多效性）之間的得與失，我們可以瞭解不同的突變如何彼此影響；也就是說，我們可以瞭解上位性的根源。貝他內醯胺酶基因後半部一個特定字母的交換，可以增進其產物蛋白質破壞盤尼西林的能力（對細菌來說是好事），

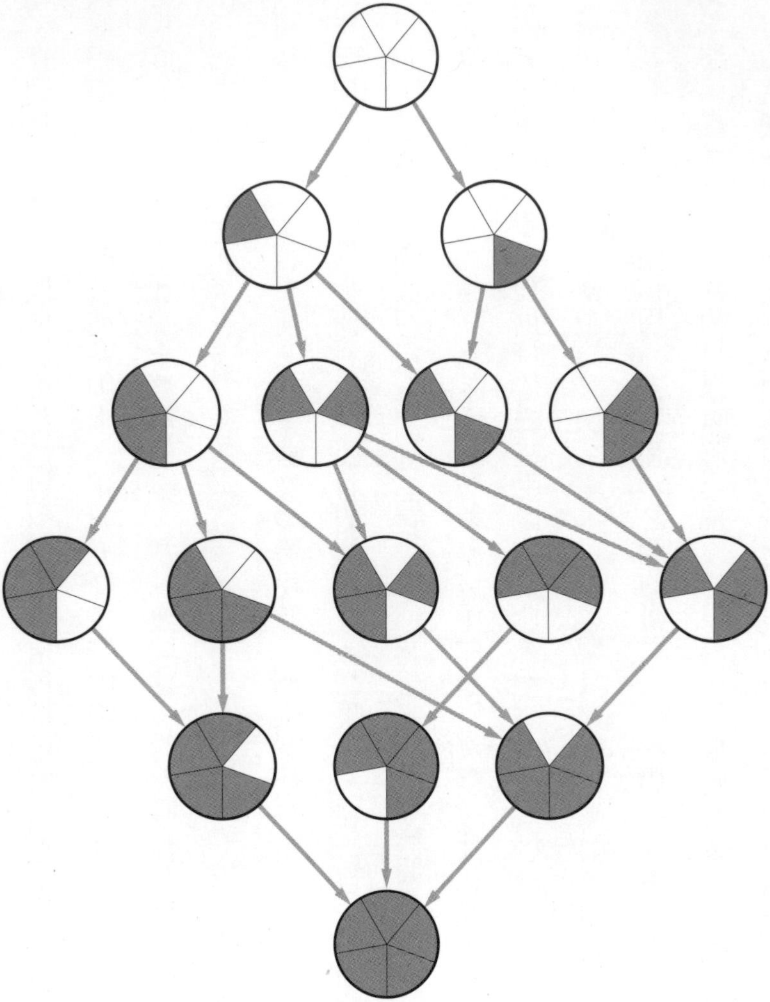

圖 5.6： 累積五個突變的可能路徑圖。這五個突變共同使細菌貝他內醯胺酶對盤尼西林提高十萬倍的抗藥性。每個圓圈代表一種貝他內醯胺酶，每一個都具有按特定組合的五種突變（深灰色）。箭頭代表累積了一種可增加抗生素抗藥性的新突變。由於上位性，不是所有的路徑都可能發生：有時下一個突變還可能降低抗藥性，只有等待後來的突變，才可能再度增加抗藥性。在這種例子，就不會畫出箭頭，因為天擇會強烈排斥這種組合的突變。

但同時也會使得貝他內醯胺酶的蛋白質變得不穩定，容易被分解（對細菌來說是壞事）。對貝他內醯胺酶來說，活性與穩定性通常是不相關的，但在這個例子，單一突變卻同時影響了這兩個性質。反之，位於貝他內醯胺酶蛋白質前半部的另一個突變，稍微降低了其破壞抗生素的能力，卻增強了蛋白的穩定性。這兩個突變本身都不是特別有用，但兩者一起發生時，就變成了成功組合：第一個突變使其變得更擅於破壞盤尼西林，第二個突變則使其仍然能維持穩定。

完美的藥物

醫生根據過往治療的有效性來開立治療方案；也就是說，他們會選擇在過去比其他方法較為有效的療法；這是不完美的科學。我們基因體中等位基因的獨特組合，代表引起生病症狀的原因，以及對藥物的反應，都可能與其他人的不同；因此，沒有什麼診斷與治療是一式通用的。

一九五〇年代，有個叫做琥珀膽鹼（succinylcholine）的天然分子，在重大手術時被用作肌肉鬆弛劑；在絕大多數人身上，它的作用良好，但對少數人來說，卻有致命的危險。正常情況下，有個蛋白會分解琥珀膽鹼，因此在停止給予琥珀膽鹼後幾分鐘，琥珀膽鹼的肌肉鬆弛作用就會被沖淡。不幸的是，有些人缺少具有活性的對應基因版本，如果病人在停止供應琥珀膽鹼後不久，就停止使用呼吸機，此時病人呼吸所必需的胸部肌肉可能還處於麻痺狀態；不及時將病人重新接上呼吸機、直到藥效消除為止，那麼病人就可能窒息。

不過，這種風險可望成為歷史。美國負責新藥核准的單位：美國食品暨藥物管理局，目前已批准根據病人的基因組成而量身訂製藥物。這種做法稱為個人化醫學（personalized medicine），目的在根據個人的基因體，來修改藥物。這種做法將使我們更能預測藥物反應、增進藥物安全，並達到最佳治療結果。

個人化醫學進展的例子之一，是治療杭丁頓症的藥物丁苯那嗪（tetrabenazine）。杭丁頓症是由於杭丁頓基因的突變造成的：突變的杭丁頓基因製造了有缺陷的蛋白，逐漸破壞了腦細胞，導致一系列的問題，包括肌肉協調、認知，以及情緒等方面。丁苯那嗪要有效用，必須經由 CYP2D6 這個酵素轉換成活性態，只不過人體內的

CYP2D6的量因人而異。目前醫生已能測定病人產生的CYP2D6量，然後據此調整藥物的劑量。

個人化醫學在癌症管理上也可能帶來希望。目前已知，之前被籠統歸在一類的癌症，可能是由不同組合的突變造成，而每種子群可能需要各自的療法。藥物也可能因應病毒的基因體而量身訂製，像是最近針對C型肝炎的治療，就是針對特定形式的病毒基因體來對症下藥。

有朝一日，我們將找出參與每一種重要疾病的各組基因。根據我們的基因體，醫生將有可能計算出我們患病的機率，例如三十八歲前出現偏頭痛的機率。不過，有鑑於基因社會當中複雜且不挑剔的互動關係，出現這種全知基因體醫學的場景看來是不大可能。在可見的將來，醫生還不會放棄較為傳統的做法。雖然這麼做對我們的健康以及壽命來說，不是最佳選擇，但對我們的心理有好處。知識不只是力量，也可能是負擔；如果醫生告訴你，到某個年紀之前，你有八十二%的機會罹患某個毀滅性的疾病，然而他卻沒辦法提供有效治療的建議，那麼這項見解可能超出了你需要知道的資訊。在未來好長一段時間，基因資訊的可供取用，導致我們面臨重要的倫理與哲學問題，其中充斥著兩難的困境。

基因社會當中的等位基因，形成功能相互交織的複雜網絡。把這種複雜網絡與另一個基因社會的複雜網絡相比，你預期會在哪裡發現差異呢？那些差異到底是新種演化的因還是果呢？

第六章

猩人秀

「你不可能跨入同一條河兩次。」

——赫拉克利特（Heraclitus）

奧利佛（Oliver）並不是自己變偉大的，他是被偉大撞上的，自一九七六年出生起，奧利佛就因為是第一個公認的「猩人」（一半是黑猩猩、一半是人）而成名（圖6.1）。他喜歡直立行走，而不像他的黑猩猩同胞以四肢著地、跳躍著慢跑；他臉上無毛，給他帶來人類的外貌。但在很多方面他還是不折不扣的黑猩猩：不能言語、不會使用高級工具，也沒有複雜思想的證據。即便如此，有好幾年時間，奧利佛這位猩人

圖 6.1：在一九七〇年代被當作猩人展示的奧利佛，也就是人與黑猩猩的混種。

仍是位名人。隨著分子生物技術的進展，奧利佛的天性終於能得以證實：他真的是某人與某黑猩猩性交下的產物？

這個問題可用簡單的基因計算回答。讀者當還記得人類的基因體由四十六條染色體組成：二十三條為一組，兩組分別遺傳自我們的父母。至於黑猩猩的染色體數稍有不同，牠們帶有兩組各二十四條染色體。難道說黑猩猩與我們如此不同，甚至多出一整條我們沒有的染色體？答案為否：如圖 6.2 所示，人類的第二條染色體，其實是由黑猩猩基因體裡兩條較小的染色體結合而成。

由於人類[1]與黑猩猩[2]在約六百萬年前擁有共同的祖先，因此這種基因體的組織差異，要麼是由於在黑猩猩的演化中，將一條較大、類似人類遠祖的染色體分成兩條，或是在人類演化過程中，兩條較小、類似黑猩猩遠祖的染色體融合成一條。如今我們已知，融合、而非分裂，是造成人類與黑猩猩基因體組織差異的原因。每條染色體都有一段稱為著絲粒（centromere）的特別區域：當細胞分裂時，分子「纜索」與這段區域相接，把互相對應的兩條染色體拉開。在人類第二號染色體現有的著絲粒旁邊，還殘留著另一個著絲粒的遺

1 審訂注：人亞族。
2 審訂注：黑猩猩亞族。

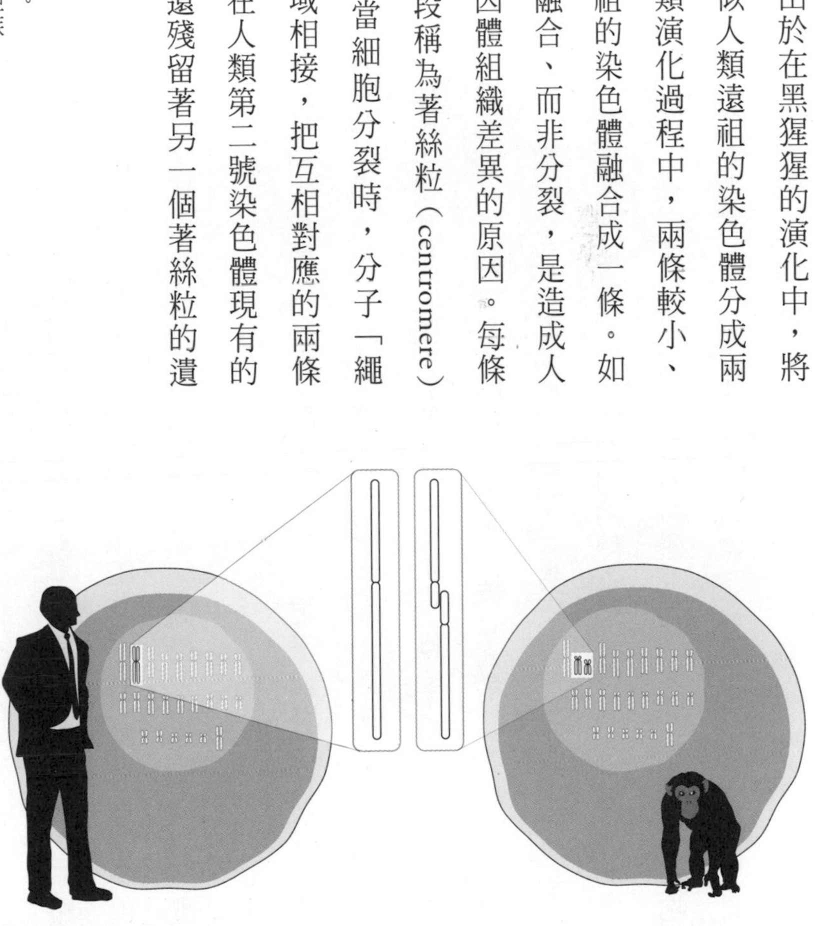

圖 6.2： 將人類的第二號染色體與黑猩猩兩條較小的染色體並排來看。人類與黑猩猩的共同祖先擁有類似黑猩猩的染色體；在人類的演化過程中，其中兩條碰巧黏在一起，變成了一條。

跡，洩漏了在我們的遠祖中，這條染色體當初由兩條染色體結合而成的歷史。進一步的支持證據，來自大猩猩及其他與人類和黑猩猩關係較遠的親戚，牠們也都有類似黑猩猩、沒有融合的染色體版本。因此，黑猩猩與人類的共同祖先所擁有的染色體組合，類似黑猩猩與其他猿類的。在人類演化的某個時刻，兩條染色體融合並形成了目前人類的第二號染色體。

如果說奧利佛真的是由人類與黑猩猩交配下的產品，那麼他將從人類與黑猩猩父母雙方各遺傳一組染色體：從人類父母一方遺傳了二十三條、以及從黑猩猩一方遺傳了二十四條染色體；如此，奧利佛的基因體應該是由四十七條的奇數染色體組成。這種混種不只是對人類的司法系統造成巨大挑戰（他是否擁有人權？），同時也對於他的基因系統造成挑戰。奇數的染色體無法形成配對，將嚴重困擾生成精子所必需的減數分裂這個公平系統。由此造成的結果，是奧利佛的精子生成將完全停擺，不然就是他的精子會有嚴重的缺陷。基於相同理由，就算有少數存活下來的混種動物，牠們也都帶有不孕的命運。例如由雄驢（帶有三十一條染色體）與雌馬（帶有三十二條染色體）交配生出的騾，很少能生出子代來。

事實上，奧利佛並沒有四十七條染色體，他有四十八條，一如任何其他的黑猩猩。猩人純粹只是想像產品，奧利佛是隻不尋常的黑猩猩，但他還是隻黑猩猩。那什麼是防止猩人出現的理由呢？到底有沒有出現過猩人？

流動的基因體

我們有很好的理由相信，就算沒有兩條染色體的融合、形成了人類的第二號染色體，猩人也不可能出現。在最根本的層面，不讓猩人出現的障礙，是物種存在的根本：基因社會。在同一個社會中，基因以及它們不同的等位基因會自由混合與交往，但它們很少會與屬於其他物種的基因社會打交道。

我們先前談過，特定的基因體是等位基因的暫時組合。如果說回到一百二十一年前，我們會發現地球上存在著一組完全不同的人類基因體。雖然人以及他們擁有的特定基因體會消逝，但基因社會的成員：等位基因，將持續存在。不過隨著時間過去，基因也會發生改變。基因經由突變，生成新的等位基因，然後在演化的時間座標中，這些新的等位基因有時會凌駕其祖先。全新的基因會不時加入，在變動的世界中，對基因社會的整體成功失去貢獻的老基因，則會被踢走。就算由某物種所有基因及其等位基因所組成的整體基因社會，要比組成某個體基因體的等位基因穩定得多，但它還是免不了隨時間而變。社會也是會演化的。

由於環境的情況，基因社會可能會發生改變，但就算基因社會不需要適應新情況，它還是會演化。我們已經談過這點是如何發生的：當我們的父母生成後來會結合形成我們基因體的精子與卵子時，會出現一些新的突變，帶入新的等位基因。這些等位基因中，有的可能與存在於其他人類基因體當中的相同；有的可能是之前出現過的變種，如今已然不存；甚至還有一些可能是全新的等位基因。

我們且來看看，在你的基因體裡出現這些新等位基因，它們其中之一的命運。假定在你遺傳自父親的第五號染色體上、某個等位基因的特定位置攜帶了字母A，但所有其他人類的第五號染色體在該位置攜帶的是G。在未來的世代中，你那攜帶字母A的等位基因可能命運多舛，最終再度消失。我們在前一章談過果蠅的眼睛顏色，這樣的結果可能純屬機率。如果你只有一個小孩，那麼你有五十%的機率把遺傳自你父親、帶有字母A的染色體傳給你的小孩；你也有同樣的機率把遺傳自你母親、帶有字母G的染色體傳給小孩。在後面這個情況，A將從世上消失，但在前一種情況，A有一點機會最終能散布至整個族群。在經過好幾千個世代以後，它有可能成為每個人基因體當中的一部分；它在基因社會出現的頻率將達到一百%。

由於機率在有性生殖當中扮演的角色，沒有哪個等位基因可以在基因社會中一直維持同樣的頻率而不變；每經過一個世代，其頻率不是上升就是下降。從長遠的角度來看，這就是我們所說的演化；這是發生在基因社會的層面，而不是在任何一位個體；基因社會就是等位基因的競技場。

上述帶A字母的等位基因，能在整個族群中散布的機率非常低，顯而易見的原因是與到處可見的G相比，A的數目實在太低。A成功的機率與人口的規模有關。在人類中，A要在正常等位基因中出頭的機率，是一比一百四十億（A與地球上其他每個人都帶有的兩個G的比值）。讀者可能會想，既然機率這麼低，就不會有什麼新的等位基因可在整個人類族群散布；但我們再次強調，數量是有力量的：在一個受精卵的基因體中，每個字母都有百萬分之一的機率出現新的突變；這個數字乘以基因體裡約六十億個字母，代表每一個基因體裡都帶有約六十個新突變。以全球七十億個基因體乘以六十個新突變計算，其中每一個都有一百四十億分之一散播並出頭的機率；經過乘除消滅後，全球的基因社會，每經過一代就會有三十個新的等位基因取代其前任，這個數字與個別的半套基因體出現突變的數字是一樣的。

上述計算顯示，基因社會必定會以相當高的速率演化，因為每一代都會出現無數的新突變，由此造成的某些新等位基因，會取代基因社會中先前的基因版本。甚至突變率也是受到基因控制的：基因社會在太多與太少突變的危害之間，維持一個平衡。拿我們體內負責精密修復機制的基因為例：造成突變數量過多的等位基因，將會干擾到許多負責建構與維持人體正常運轉的基因功能，因此這種等位基因的命運也不會好。如果突變數目過少，同樣也有危險，因為基因少了變異，個體也就不能夠適應：只要環境改變（環境也是在不斷變動中），帶有過多抑制突變的等位基因的個體，將會有適應的困難。突變是麻煩之源，但也是必要之惡：沒有個體的犧牲，整個社會也就不會受益。

人類與黑猩猩的基因體序列幾乎九十九%是相同的。除了遺傳自共同祖先的基因體當中一％的差異外，人類與黑猩猩的DNA中還有約三％是人類或黑猩猩單獨擁有的；這有點像人與人之間的基因差異有零點一％（只算單個字母的改變），或零點五％（把片段DNA的插入與刪除也算進去）。

假設帶有字母G的等位基因，是人類與黑猩猩共有的；後來該等位基因在人類當中被帶有字母A的等位基因取代，也就構成這兩個物種間的另一個差異。經由這四％差異，成為如今分辨人類與黑猩猩基因體的方式。每個改變都是從突變開始的，無論是發生在我們的、還是黑猩猩的祖先當中。大部分人類與黑猩猩之間的差異，可能都是隨機出現的；但在某些例子，當某個新等位基因提供了某種優勢，那麼天擇將會加速該基因在族群當中的散播。經由一次一個突變的方式，這兩個物種的差別就變得越來越大，於是他們也就緩慢地漸行漸遠。

卡住鎖的鑰匙

相似度達九十九％的兩個基因體（好比兩個人之間）可以產生子代，但相似度在九十六%的兩個基因體（好比人與黑猩猩之間）卻不能。那麼分界點在何處？差別多大才算夠大？

經過長期分隔的兩個族群在初次重新會面時，通常可以成功交配生出子代。通常我們可以從他們分離的時間長短，正確預測他們是否能夠交配成功。如果某種動物因河流出現而分隔，後來因河流乾涸，兩個地方族群在分離了一千年後重逢，這要比分離了一千萬年的兩個族群更有可能生出具有生殖力的子代。分離的時間愈久，兩個基因社會的差異將變得愈大，兩者混合起來也將變得更困難。

要生出有生殖能力的後代，並不是絕對的事。先前分離的兩個族群重新相逢，其子代會有五十%的機率活不到成年就夭折了。隨著這些族群分離的時間愈長，牠們生不出活子代的風險也就逐漸增大，直到牠們完全不能生出活子代為止。到那一刻，這兩個分離的族群就不再只是獨立且分離的族群，牠們成了兩個不同的物種。

達爾文為他的革命性著作取名為《物種原始》，但他卻不曉得新物種如何生成的資訊。時至今日，我們已知這個過程的核心就是基因社會。大多數基因體的變化，是我們在第四章談過的「漂變」這種隨機過程（第一五二頁），但其中有個重要的前提，那就是基因的每個變化不能夠傷害到基因的攜帶者；如果某個基因突變造成傷害的話，那麼它會很快地從基因社會中消失。換句話說，任何新突變要是不想馬上消失，就必須與其他位置的現有基因和平相處。但只要某個突變變得普遍常見，那麼後來發生的突變需要和平共處的新基因社會，也就包括了先前的突變在內。

因此，突變的累積具有歷史的一面。某個特定突變的散播，可能促進或排除後續突變的出現。想要瞭解為什麼猩人不可能出現，要考慮的重點是演化中的族群會累積一系列相互包容的改變，但這些改變卻不一定與它們祖先的基因版本相容，與同時間出現在其他族群的變化就更不用說了。

這就是一個族群分散的過程：假想有兩個被河流分離的族群，在各自累積了一千個突變後重逢，許多突變取代了它們基因社會中原本的等位基因。像人類這樣的物種，需要花上一萬年的時間，才會累積這麼多的突變。到那一刻，這兩個基因社會將有兩千個地方不同：其中一千個左右的差異是由出現在河流此岸的突變造成，另外一千個則出現在河流的彼岸。如果其中一個族群的成員讓另一個族群的成員懷了孕，他們的小孩將遺傳所有這兩千個突變，結合成一個基因體。這也將是一個族群的一千個改變，首度與另一個族群的一千個改變相聚在一起。這兩組突變從來還沒有彼此試驗過，因為這些突變並不是依序緩慢累積的，而是在同一時間內結合在一起。它們會水乳交融嗎？要這麼多突變全部都彼此完全相容，機率並不高；如果兩個族群各自都累積了一萬個不同的突變，那麼相容的機率就更低了。

還有另一種方式來看這個現象：想像有個鎖與鑰匙，其中鎖的形狀與鑰匙的形狀會隨時間而變；鎖與鑰這種系統的有用性（「適合度」）取決於它們運作情形的好壞（圖6.3）。鑰匙可改變它現有的鋸齒；同樣地，鎖也能改變它與鑰匙互動的部位。隨著時間

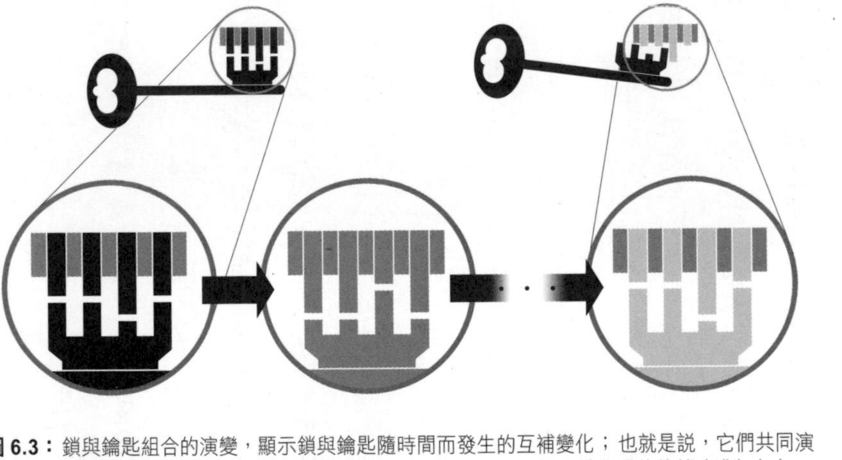

圖 6.3： 鎖與鑰匙組合的演變，顯示鎖與鑰匙隨時間而發生的互補變化；也就是說，它們共同演化了。在經過少數幾個這種步驟後，原始的鑰匙（黑色）將不再適合演化過後的鎖（淺灰色）。

推移，鑰匙的某個部位可能產生隨機改變，造成某個鋸齒變得更長。這時鎖還能運作（否則就不會允許鑰匙產生改變），但其操作可能不像之前那麼平順。再過一段時間，鎖也可能出現改變，對新的鑰匙形狀適應得更好；這種改變將帶來好處，因此更有可能持續下去。隨著越來越多的這種改變累積，鎖及其對應的鑰匙將變得與它們原始的形狀差別越來越大。如果這時你拿原始的鑰匙來開演化過的鎖，就很有可能會把鎖卡住。

這個類比當中的鎖與鑰匙，與某個基因社會中彼此互動的不同基因，兩相對應。要記得的是，這種互動是無所不在的，舉例來說，許多蛋白質需要與其他蛋白質結合，才能執行其功能。在演化過程中出現的一些突變，會改變蛋白質的形狀；某個蛋白質（鑰匙）的小改變，可能稍微降低與其伙伴（鎖）結合的能力。接下來，這種小改變可能增加其夥伴出現對應改變的隨機突變機率，使得該突變也能在基因族群中站穩腳步。當這種過程持續了一段長時間後，其中互動的部分將累積相互搭配的改變，也就是說它們進行了共同演化。

演化是基因社會分子歷史的附帶產物。如果說大自然的演化實驗可以重來，我們幾乎可以確定其結果會在細節上有所出入；再怎麼說，每個演化上的改變也是隨機的。因此，當兩個族群各自獨立進行了演化，然後再次聚首，將會造成混亂：來自不同基因社會的成員將不知道如何進行互動。

讓人感動的家族重聚

奧利佛不是什麼猩人，同時在近代也非常不可能有猩人存在過；但有相當證據顯示，猩人曾經存在過，至少就某種意義而言存在過。人類與黑猩猩基因體的四％差異，應該平均分配在各染色體之中；那是因為所有的染色體，除了以無性存在的Y染色體外，都以相同的速率累積突變。然而在仔細檢視下，事實卻非如此：人類與黑猩猩的X染色體差異，要比其他的染色體少上約二十％，這種變化數目的減少，只有與黑猩猩相比才如此。如果把人類的基因體與大猩猩的相比（大猩猩要比黑猩猩更早一些與人類分道揚鑣），那所有的染色體（包括X染色體在內）將顯示有類似數量的改變。

就人類與黑猩猩如何變成獨立物種的問題，這些又能告訴我們什麼呢？大約在六百萬年前，人類與黑猩猩具有共同的祖先；然後有一天，該共祖的一群成員分離出去，在孤立的所在建立新家。這些分離出去的族群就沒有再走回頭路；從那一日起，這兩個支系就獨立演化，終究變成不同的物種。在這樣的場景之中，人類基因體的所有部分與黑猩猩的基因體應該顯示出同等程度的相似性，因為它們都有相同的時間來累積差異。

為了要解釋基因體的不同部位具有不同程度的差異，我們必須接受：人類與黑猩猩這兩個支系在剛分開一陣子之後，之間可能仍有性發生（聽起來有些駭人聽聞）；那時，這兩支的基因體已經累積了大部分目前所見的差異。我們已經可以把當時的他們看成是早期的人類與黑猩猩了，雖說那時候他們應該都還擁有與其共祖相同數目的染色體：二十四乘二。這兩個分支陣營成員之間進行的互動，造成黑猩猩的基因注入人類的一支，反之亦然。

那麼，這又如何能解釋X染色體要比其他的染色體有更多的相似之處？最簡單的解釋，是交配時的整體不對稱性：如果黑猩猩陣營裡有相同數目的雄性與雌性，都把基因注入了人類這一支，那麼X染色體應該與其他染色體一樣，帶有同等數目的雜交區。但如果只有雌性黑猩猩獲准進入人類村落，那麼情況將有所不同：所有會影響人類基因社會的交配，將出現在雌性的黑猩猩及男性的人類之間。經由這種交配生出的女兒將帶有正好一半人類與一半黑猩猩的染色體；至於兒子都將帶有來自父親的人類Y染色體，以及來自黑猩猩母親的一條X染色體。人類的Y染色體將不會顯示任何黑猩猩母親的跡象，因為從雜交婚姻生出的小孩，其X染色體有三分之二來自黑猩猩母親，因此人類的X染色體要比其他的染色體顯示有更多這種混合的遺跡，就算過了許多世代亦然。

這種「醜聞」發生在很久以前。如同我們在談及奧利佛的所謂半人類血統的說法時解釋過，如今人類的基因體已經與黑猩猩的大不相同，以至於其中再無灰色地帶：黑猩猩與人類毫無疑問是兩個獨立的物種。那麼在演化上，有沒有介於現代人與黑猩猩之間的個體呢？如今並沒有這種生物存在；現代人已經是個獨立的物種；但在不那麼久遠的過去，情況就不同了。直到四萬年前，尼安德塔人是人類（智人）[3]在歐洲與中東地區的鄰居。事實上，來自同一時期的尼安德塔人與人類（智人）的屍骸，同時現身於今日以色列境內的喀巴拉洞穴中，顯示他們曾經共同存在過。

超過三十萬年以前，尼安德塔人與人類（智人）這兩個物種分支在非洲就已經分道揚鑣；之後不久，尼安德塔人的祖先遷徙至中東及歐洲，至於現代人類（智人）則更晚才來到歐洲，與尼安德塔人再次碰面。因此，人類（智人）與尼安德塔人的基因體在分隔的環境下有充分的時間各自演化：當現代人（智人）抵達時，他們的外貌（可能包括皮毛）與其較為矮小精壯、適應寒冷環境的表兄弟已有相當大的不同。那麼這些長相奇怪的人究竟是不是人類呢？雖然我們不能確定那是在成年人之間、兩情相悅下發生的，但可以確定的是：這兩群人的成員之間有性的接觸（圖6.4）。

那我們又是怎麼知道他們有過這些接觸？雖說真正的細節仍不清楚，但我們的基因體可以為我們講述故事的大綱。在仔細研究下，我們可以從古老的骨頭中萃取出DNA來，讓我們得以接觸尼安德塔人的基因體。值得重申的是，基因社會不會靜止

---

3 審訂注：本書所指的人類（原文寫作 human），部分應更精確定義為智人（*Homo sapiens*），並以括號標注於正文當中。

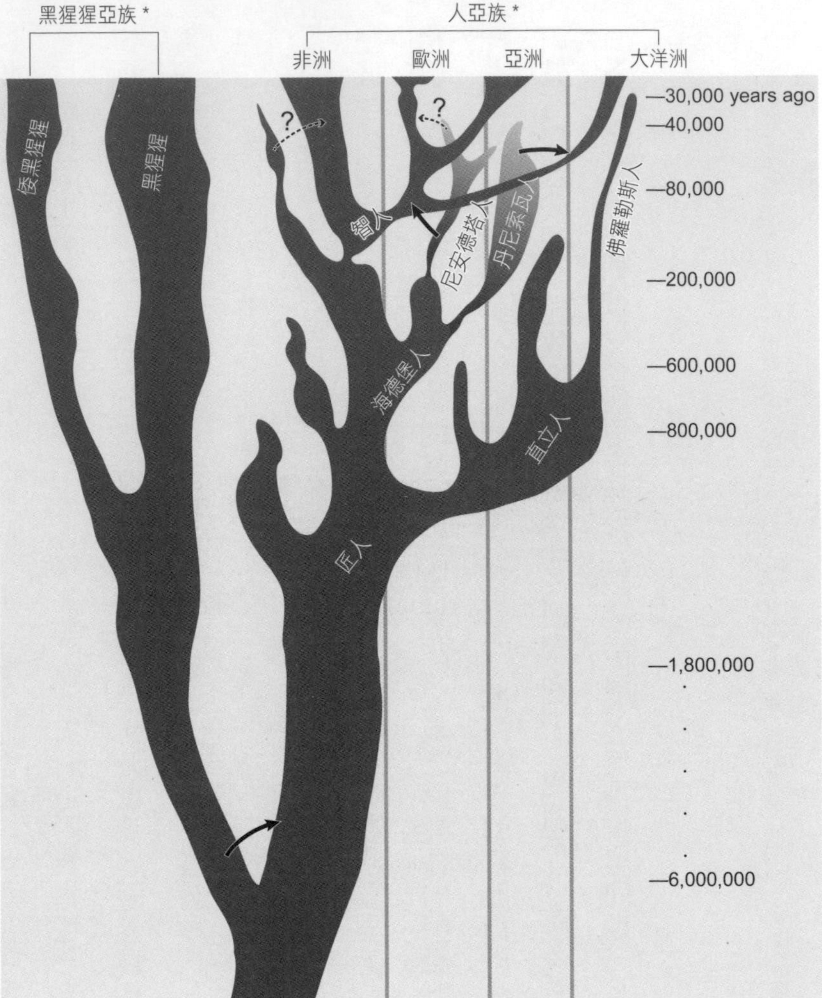

圖 6.4：人類與其現存最親親戚（黑猩猩與倭黑猩猩）的演化系譜；其中對人類祖先各族群間的新近演化關係，有詳細的描述。圖中數字代表的是系譜中的事件，發生在多久以前。人類與黑猩猩共同的親緣，在大約六百萬年前分家；但有證據顯示，在之後很長時間（在親族樹底部的箭頭），這兩批族群的成員之間，仍有零星的性接觸。約在三十萬年前，現代人（智人）與尼安德塔人和丹尼索瓦人的祖先分道揚鑣。一開始現代人（智人）仍待在非洲，他們的表親則跨海進入歐洲與亞洲；現代人（智人）在不到十萬年前離開非洲後，就在歐洲與亞洲與其表親重逢。連接尼安德塔人及丹尼索瓦人和現代人（智人）的箭頭，顯示他們之間發生過性接觸，其結果仍可在當地人類的基因體當中發現蹤影。本圖改編自福克斯（Lalueza-Fox）與吉爾伯特（Gilbert）發表於 2011 年的演化樹圖。* 為補充加注。

不變；就整體而言，現代人（智人）的基因體與尼安德塔人的確實有相當大的不同。但有趣的是，如果找一位非裔人士與尼安德塔人相比，我們將發現他們基因體之間的差異，會比非非裔人士（指的是祖先在史前時代就離開非洲的人士）與尼安德塔人的差異更大。這種非裔與非非裔在系統上的差異，只能用現代人（智人）與尼安德塔人在三十萬年前分裂成兩個獨立的世系後，又有過接觸，才解釋得通。這個差異顯示，在第一波人類祖先離開非洲以後，他們在中東與歐洲碰上了尼安德塔人，並產生了性行為。

在非非裔人類的基因體裡發現尼安德塔人的DNA，清楚顯示在不到十萬年前，人類（智人）與尼安德塔人完全可以成功生出子代來。就算人類科技不斷在進步，但一般相信，作為生物物種，人類從古至今並沒有改變太多。人類祖先能與尼安德塔人成功育種，顯示他們還不是獨立的物種。尼安德塔人也是人類的一支：他們形成部落，並已獨立生活好長一段時間，但還是不夠長到累積足夠的突變，讓他們的基因社會與人類（智人）的不相容。為簡單起見，我們還是使用人類（智人）與尼安德塔人來指涉他們，但讀者要記得的是：尼安德塔人是人類物種的一支，是在史前時代就離開非洲，前往歐洲及亞洲冒險的人類遠親。

在現代人祖先與尼安德塔人相遇時，尼安德塔人並不是唯一生活在非洲以外地區的人類部落。還有尼安德塔人的近親：丹尼索瓦人（Denisovan）居住在亞洲北部的一些地方；這個名字是根據最早發現他們骨骸的山洞而取的。與尼安德塔人和早期歐洲人之間的性接觸相對應的，是丹尼索瓦人與抵達東南亞的人類（智人）也有性接觸，這一點也反映在人類的基因體當中。

比性更好

因此之故，除非你是晚近的非裔後代，所有其他人類的基因體裡，都帶有來自遠古人類種族的等位基因。但人類的基因體裡不會有其他物種（像是現代黑猩猩、大猩猩或紅毛猩猩）新近取得的基因；也就是這種不可能出現的混合現象，造成他們分屬不同的物種。要定義一個物種，根源就在於性扮演的角色：如果你的基因體能與另一種生物的基因體混合，而不造成子代出現明顯的問題，那麼你們兩個就屬於同一物種；你們的基因屬於同一個基因社會。對於不靠性也能生存的物種又如何呢？以數量而言，細菌要比動物、植物以及黴菌等生物更多，但它們卻過著無性的生活。我們又怎麼曉得兩個細菌屬於相同或是不同的物種？

直到最近，我們是根據外表或基因體的相似性、這種模糊且有些隨意的觀念來定義細菌，而這些分類法經常過於籠統。舉例來說，兩個都分類成大腸桿菌的細菌，其基因體組成的差異，可能比人與海豚的差異還大。但就算沒有性，物種的定義：同一族群的成員能彼此成功混合，對細菌來說仍然適用。

究其根本，性是把不同的基因體加以混合，讓基因社會的等位基因在每一代形成新的聯盟；細菌則以守貞的方式形成這種聯盟（圖6.5）。細菌會從另一個細菌取得DNA片段（其中最多帶有幾十個基因），然後將這些基因引進自己的基因體。細菌可有幾種方式將新的DNA弄進細胞裡；一旦進入了，外來的DNA就能有效率地與細菌的基因體整合。這種重組過程，類似人類生成精子與卵子的細胞，用來混合染色體、形成每一代全新組合的方式。在動物的有性生殖中，細胞裝置必須要能辨識遺傳自母親與父親的成對染色體的對應區域，才能進行同源重組（homologous

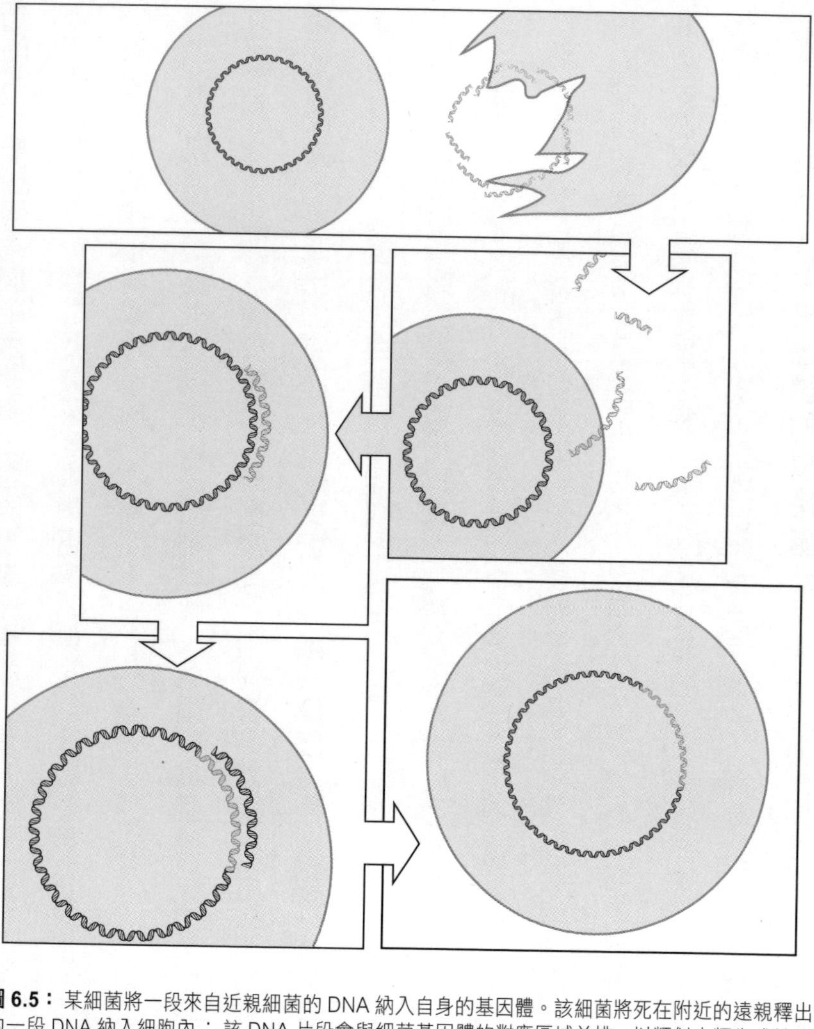

圖 6.5： 某細菌將一段來自近親細菌的 DNA 納入自身的基因體。該細菌將死在附近的遠親釋出的一段 DNA 納入細胞內；該 DNA 片段會與細菌基因體的對應區域並排，以類似人類生成精子與卵子時、對應染色體區段的重組互換方式，進行交換。DNA 經由這種「細菌的性」進行混合時所受到的調節，要比在「動物的性」當中寬鬆得多，但是對基因社會的作用卻是相同的。

recombination）。相對於細菌而言，同樣的要求也存在：外來DNA要想整合進來，其字母片段，必須與細菌染色體上的一段字母能配對並排。這給了細菌的物種定義出奇簡單的詮釋：當兩個細菌基因體的相對應部份超過九十九點五%雷同的話，它們就能夠成功重組。這些細菌的基因屬於同一個基因社會，因此它們屬於同一物種。由於同源重組在有性生殖中扮演著核心角色，因此從人到細菌，都是由基因的差異來定義物種，這可能也不是什麼意外的事。

要做愛，不要打仗

從檢視人類的基因體，我們知道現代人（智人）與尼安德塔人曾經謀面，也完全能夠交配。再怎麼說，尼安德塔人也是人類；那為什麼尼安德塔人如今已經不存在了？尼安德塔人這一支有可能就單純地與新近從非洲出走的表親合而為一；但根據我們目前所見的大部分世界而言，另一個場景看來更為可能。從尼安德塔人的觀點，人類（智人）從非洲出走的旅程是入侵。就人類（智人）的觀點來說，他們很有可能把尼安德塔人視為競爭食物與住處的威脅。在許多接觸中，人類祖先可能試著殺死尼安德塔人；如果他們真的那麼做了，看起來他們的成效頗高，因為目前發現最年輕的尼安德塔人骨骸，至少都有四萬年的歷史。

這個場景描述了另一輪無休無止的「我們對抗他們」種族歧視循環，由相同類型的基因與想法所推動，其破壞性仍可在今日全球各地見著。我們的遠祖越過了撒哈拉沙漠，征服了世界，一如歐洲的海上強權在最近幾世紀征服了大部分的非洲、亞洲、澳洲，以及美洲。最早來到歐洲與亞洲的人類（智人），很可能與當地人發動了戰爭，這些當地人如今稱為尼安德塔人與丹尼索瓦人。

與較為近代的入侵相同，有些現代人（智人）與尼安德塔人的異族伴侶之間發生了性行為，而非戰爭，因此在現代人的基因社會中刻印了尼安德塔人的基因體遺跡。同樣的過程也發生在全球各地，例如基因體的證據顯示，丹尼索瓦人與尼安德塔人也有過交配行為。

那麼，現代人（智人）與尼安德塔人之間在歐洲各地出現的交配，又有哪些後果呢？現代人的一段DNA被尼安德塔人相對應的DNA取代，對大部分人類基因體來說，可能沒有多大影響。但在現代人（智人）抵達歐洲時，尼安德塔人已經在歐洲生活了二十萬年，對於當地的氣候以及病菌已經大致適應。他們的基因社會包含了特定等位基因，可以顯著促進人類（智人）在該區域的存活機率。從尼安德塔人父母或祖父母遺傳了這些適應基因的現代人，要比他們沒有遺傳這些基因的鄰居更具有競爭力。

HLA-A 與 *HLA-C* 是兩個對免疫系統功能來說很重要的基因；由它們編碼生成的蛋白質，負責將蛋白質片段從細胞內部帶到細胞表面，傳達「一切都好」或是「救命，我遭到入侵了」的訊息。我們在第二章曾談過這些訊息傳達。人類的基因社會裡帶有這兩個基因的許多等位基因。我們身上所帶基因備份的確切序列，影響了哪些蛋白片段會被帶到細胞表面；換句話說，是哪些病原能被我們辨識。如果你的祖先來自歐亞，那麼很有可能你的基因體裡攜帶的 *HLA-A* 與 *HLA-C* 版本，是由你的祖先經由與尼安德塔人發生過性行為之後取得的。

根據同樣的思路，許多現代亞洲人的 *HLA* 基因，與在丹尼索瓦人基因體裡發現的相對應基因，具有高度的相似性。整體而言，現代亞洲人的基因體有七十到八十％

的機率，攜帶了源自尼安德塔與丹尼索瓦這兩個古老非非洲族群的 *HLA-A* 等位基因。在現代歐洲人身上，帶有尼安德塔人等位基因的機率，是五十％。反之，在一位非裔人士的基因體裡，只有六％的機率擁有一條這些古老類型的 *HLA-A*；同時這些稀罕的情況，可能是由從歐亞洲遷回非洲的移民所造成的結果。雖然現代歐洲人並未遺傳到尼安德塔人的一半血統，但可慶幸的是，他們的免疫系統裡有個重要的部分，來自尼安德塔人。

基因社會總是在不斷演化；當某個社會一分為二，這兩個社會就不可避免地朝不同方向而去。為了演化出新的能力，好比更大的腦，一個物種不一定需要額外的基因；以不同的方式經營同樣的基因，是造成改變的更常見方式。

第七章

重點在於使用的方式

要做大事不容易，想要控制大事則是更不容易的事。

——尼采（*Friedrich Nietzsche*）

讀者可聽過棉花糖挑戰？其玩法如下：參與者每三到四人分成一組，每組分到二十根義大利麵條，一捲膠帶，以及一綑線團，在限時十八分鐘內，看哪一組能把一塊棉花糖置於離地面最遠（也就是最高）的位置（圖 7.1）。

大多數的分組都未能在時限內將棉花糖帶離開地面，由企管碩士班學生組成的小組表現更是出名地差勁：他們花了大部分時間在小組內爭奪權力，決定誰是老大，直到剩下幾秒鐘時才進入緊急狀態，草草完成簡陋的裝置，把棉花糖放上去。由公司執行長組成的小組也好不到哪裡去；但只要有位計畫管理者加入小組，成功的機率就大為增加。有趣的是，幼稚園孩童在此挑戰中的表現甚佳；其秘密何在？他們先從棉花

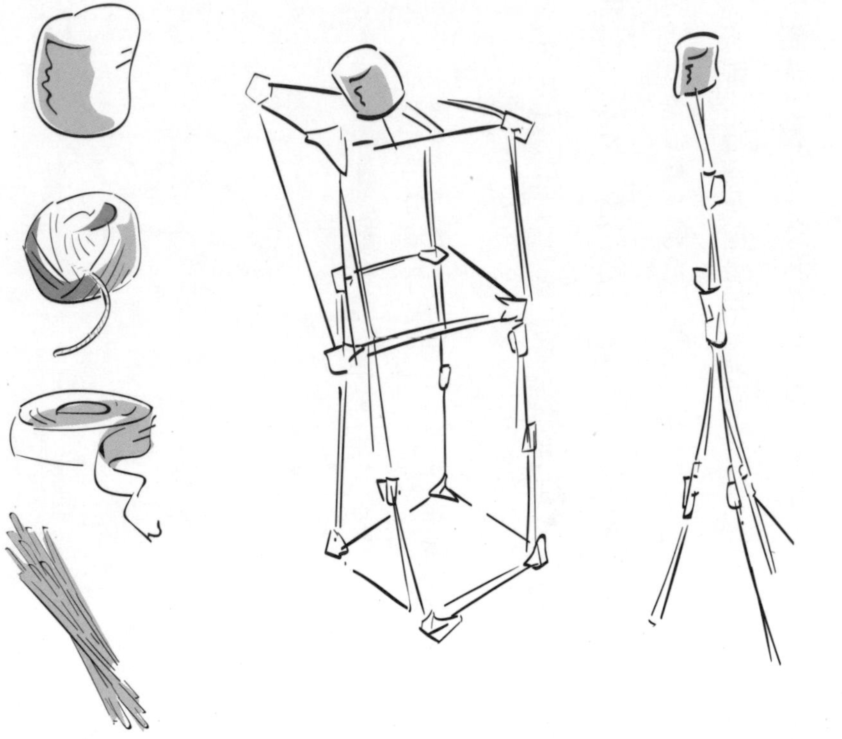

圖 7.1： 棉花糖挑戰。拿一綑線團、一捲膠帶，以及二十根義大利麵條搭建某個構造，可把一塊棉花糖支撐起來，盡量離地面最遠（最高）的位置。從少數這麼幾件物品所能搭建的構造樣式，其變化數量可是有無限之多。

糖下手，然後尋找讓棉花糖一點一點增高的結構。

棉花糖挑戰為我們揭示了在完成一項任務時，管理藝術扮演的關鍵性角色：在相同數量的膠帶、捆線、義大利麵條及時間下，可以有許多不同的可能結果。

大聲說出來

人類有好些生理上的創新，使得人類異於其他動物，包括人類的近親黑猩猩在內：人類能直立行走，擁有碩大的腦，以及會發明科技。人類所有創新中威力最大的，可能要屬語言了。哲學家維根斯坦認為，人類利用氣流壓力的微小改變、進行複雜溝通的能力，很可能是人類複雜思考的根源，也使得語言成為人類了解世界的根本。問題是：語言從何而來？基因社會當中哪些必要的創新，讓人類能夠交談？

想要回答這個問題，我們需要找出參與創造以及解釋語言的基因。找出參與形成語言的基因的方法之一，是將帶有特定語言缺失者的基因體，與不帶有該缺失者的基因體作比較。尋找這兩個族群間一再出現的基因差異，就像我們在第五章討論過的全基因體關聯分析（GWAS）策略。

研究人員發現英國的一個大家族是進行這項研究的理想對象。該家族的祖母具有嚴重的語言缺失，影響她對文法的使用與理解，以及形成能讓人理解的談話。她的五個小孩裡有四個都受到類似的影響，而這四個小孩的孩子裡，約一半帶有這種缺陷。研究人員在這個家族受影響與未受影響成員的基因體中抽絲剝繭，尋找其間的基因差異，結果發現了罪魁禍首：一個名叫 *FOXP2* 的基因。該家族中受到影響成員的 *FOXP2* 基因，或附近的字母序列，都帶有許多的突變。

另外還有兩個額外的理由，證明 *FOXP2* 基因有可能是對語言重要的基因。第一個理由，是 *FOXP2* 基因的工作類型：它是個管理者，而非操作員。讀者應該還記得基因社會裡有些成員執行著細胞運作所需的工作（操作員），例如將雙股 DNA 打開、製造細胞膜、分解醣類等；另外一些成員的工作則是控制操作員（管理者）。大多數管理者屬於轉錄因子（transcription factor）這個家族的基因；通過與基因的控制元件結合，而開啟或關閉細胞中其他基因的表現（圖 5.5）。

這種轉錄因子、也就是管理者的數量，取決於它們控制的基因社會大小：具有兩倍數量基因的社會，會需要四倍的控制者。人類擁有大量的基因，其中約十分之一屬於轉錄因子，其中包括 *FOXP2* 在內。語言是種複雜的特徵，包括腦部以及喉部的重要的改變，因此 *FOXP2* 需要大量的操作員來執行這些任務。由於 *FOXP2* 基因是個管理者，如果它停止了工作，操作員也會停止運作，於是出現語言障礙。

FOXP2 基因對人類語言的重要性，也可從基因體當中它們的鄰居看出。之前提過，我們在比較兩個人的基因體時，大約會在一千個字母當中發現一個差異（在此忽略缺少及插入的字母）；然而在包含 *FOXP2* 基因的區域，在人類當中卻是出奇地相似，其間差異比一般常見的百分之〇點五還少。這種一致性極不可能由隨機造成，只有在大多數的字母對生物的生殖成就，有不可或缺重要性的區域，才可能出現這種低數量的差異；也就是說，該區域一旦突變將造成致命的結果。我們也曾談過，大多數基因當中以及基因附近的改變，對於基因的功能影響不大，那麼，為什麼基因體當中會有一段區域，在整個人類當中都那麼一致？

這種模式顯示有種稱作「選擇性清除」（selective sweep）的現象存在。直到史前時代的某一刻，人類祖先的溝通方式與其他哺乳類動物並無差異，只是一些簡單呼叫的集合。然而有位人類出現了，我們姑且稱他為奧菲斯，他體內必定出現了某種突變，使得他能夠表達出一些更複雜的短句。他的小孩中遺傳了這個突變的等位基因，將能夠同他們的父親以及彼此之間，進行前所未有的複雜交談。由於有這種更好的溝通，使得奧菲斯的小孩及孫輩彼此能夠更好的合作，他們也會更成功，比同社區中的其他成員擁有更多子嗣。經由這種方式，奧菲斯身上的突變將傳遍整個前人類的基因社會。經過幾十個世代後，在可婚配的距離內，幾乎每個人都會遺傳到奧菲斯的等位基因，而有更好的溝通。

奧菲斯的子輩與孫輩不會全部都帶有這個有利的突變，就算是帶有該突變者，也不會遺傳到奧菲斯的整個基因體，他們的基因體有一半來自母親。變得普及的不是奧菲斯的整個基因體，而只是該突變本身。但突變並非獨立存在，它只是基因體裡某個固定位置上的單一字母，它還有與之相鄰的字母與基因。隨著該突變的普及性增加，其近鄰也跟著變普及了；那是因為在形成下一代過程中出現的少數重組現象，不大可能將突變的近鄰給快速分離出去。

換句話說，當某個有利的突變經由天擇而變得普遍後，其鄰居通常也一併搭上便車。在經過幾代以後，族群中的每位成員都將共享該突變及其鄰近的基因與字母。最終，每個人的基因體會有整塊區域都是相同的。由天擇造成的新近改變所具有的特徵，就是在有利的突變位置本身及其附近區域缺少變化。人類基因體包含 *FOXP2* 基因的段落，顯然就是這種選擇性清除造成的結果。

雖然其他哺乳類或鳥類也帶有某個版本的 *FOXP2* 基因，但該基因只賦予了人類說話的能力，對其他動物則沒有這種作用。*FOXP2* 是個不挑剔的基因，在所有哺乳動物以及鳥類器官的胚胎發育中，都扮演著許多角色。因此，*FOXP2* 基因到底發生了什麼樣的改變，而賦予了奧菲斯及其後代這種更優越的溝通技能？

這個問題的答案不在於 *FOXP2* 基因本身，而是在怎麼使用這個基因。雖說 *FOXP2* 基因是個管理者，但它也必須被管理。在預定的時間以及位置，人體內的 *FOXP2* 基因可由其他的管理者開啟。例如，在肺臟與腸道發育時，*FOXP2* 基因會被活化。與黑猩猩及其他猿類擁有的版本不同，人類的 *FOXP2* 基因在腦中一塊特定區域：「區域X」特別活躍，神經學家認為該區域負責了語言。我們的基因社會並不需要新的成員，就能夠讓我們說話；語言的出現是由於管理上發生改變，而不是由於取得新的工具。

再回到奧菲斯身上，如今我們對於造成他語言能力的突變，已有一些認識：*FOXP2* 基因的 DNA 序列出現的突變，並不是改變其功能，而是改變其他蛋白與它結合的方式，然後才改變 *FOXP2* 基因將於何時及何地發揮功能。這種改變與棉花糖挑戰類似：高度成功的設計來自於更好的管理策略，至於使用的材料則是每一組都一樣。

鳥類不會說話，但在某種程度上，鳥語對於鳥來說，就如同語言對於人一樣。鳥語要比一般的鳥鳴來得長且複雜，通常和鳥類的求偶與交配相關。鳥語有自己的語法，其結構通常類似人類的音樂，包括其表現的多樣性及其韻律的規律性。許多種鳴鳥從牠們的父親學會了部分的曲子，導致（鳥類旳）區域方言的出現，這點與人類的語言相近。

不是所有的鳥類都會鳴唱；那麼會唱與不會唱的鳥類之間有什麼差別呢？不會鳴唱的鳥類，其基因體裡並不缺少什麼「鳥語基因」，只不過鳴鳥腦中的「區域X」有 *FOXP2* 基因的表現；該區域與人類腦中的「區域X」相對應，也對鳥類的學習鳴唱很重要。尤有甚者，金絲雀會在特定季節改變其鳴唱的曲調，而*FOXP2*基因也只有在該季節表現。鳥語與人類語言之間具有驚人的相似性：在這兩個物種當中，*FOXP2*基因在管理上出現同樣的改變，是關鍵所在。當然，單是*FOXP2*基因的作用，不足以解釋語言的複雜特徵，但這個基因在特定腦區的活躍表現得以讓語言出現，這些證據讓人信服。

大腦袋理論

多虧有個大腦袋，人類得以發展並精通從用火到製造智慧型手機等愈形複雜的技術。那麼，製造一個更大的腦袋，需要在基因社會中引進新的基因嗎？*FOXP2*基因的故事告訴我們，改變管理方式可能就足以達到這個目的。製造更大腦袋的方法之一，是大腦在發育時，讓腦細胞分裂的期間更長一些，在過程中製造出更多的細胞。人類的腦袋在許多方面都與黑猩猩的腦相同，人類的基因社會在六百萬年前與黑猩猩分道揚鑣，關鍵很可能在於演化出基因體的管理者如何管理腦部發育的方法。

這種想法有很好的證據支持。黑猩猩的基因體與人類的諸多差異中，有一個發生在*GADD45G*這個基因的分子開關區域。*GADD45G*是個管理者基因，也被歸類為腫瘤抑制基因，因為它的工作是在管理哪些細胞應該停止分裂，這點對於抑制癌化腫瘤來說，可是關鍵任務。在人類的*GADD45G*基因版本中，相當於基因調節區的位置，缺少了相當大的一段序列（共三千兩百個字母）。如果剔除小鼠基因體裡對應的區域，其參與腦部生長的基因之一會改變其表現。因此，人類為何擁有較大腦袋的一個可能方案，是在胚胎發育的特定時間，某個管理者基因喪失了告知某腦區停止生長的能力。有趣的是，同樣擁有大腦袋的尼安德塔人，也與現代人一樣共享了該段基因缺失。

想要解釋人類與黑猩猩的差別，管理上的改變看來是常態，而非例外；基本上沒有什麼基因是人類或是黑猩猩獨有的。再者，人類和黑猩猩由於基因差別，而導致胺基酸序列差異很小，對於蛋白質的功能來說影響不大。人類與黑猩猩有著幾乎一樣的操作者與管理者，只不過管理者發出的指令不同。

這個說法讓人想起一樁有關高露潔牙膏公司的城市傳奇。多年以前，該公司面臨銷售下滑，公司高層開會集思廣益，商討可能增加銷量的方法。會議室裡正好有位清潔婦，她建議把牙膏管的開口放大一些，讓每次擠出的牙膏更多一些；之後的事，就是歷史了。因此沒有必要製造不同的產品，只需要做個小改變，就能夠造成巨大影響。

我們每個細胞裡的基因體都包含了兩萬個基因，由此造成基因體活動狀態的不同，其幅度可是大得讓人難以想像。簡單來說，一個細胞可以將它的每個基因或開或關，也就是說一個基因要麼是被讀取、以及製造出蛋白質來，不然就是維持關閉狀態，不被讀取。因此，基因體的各種可

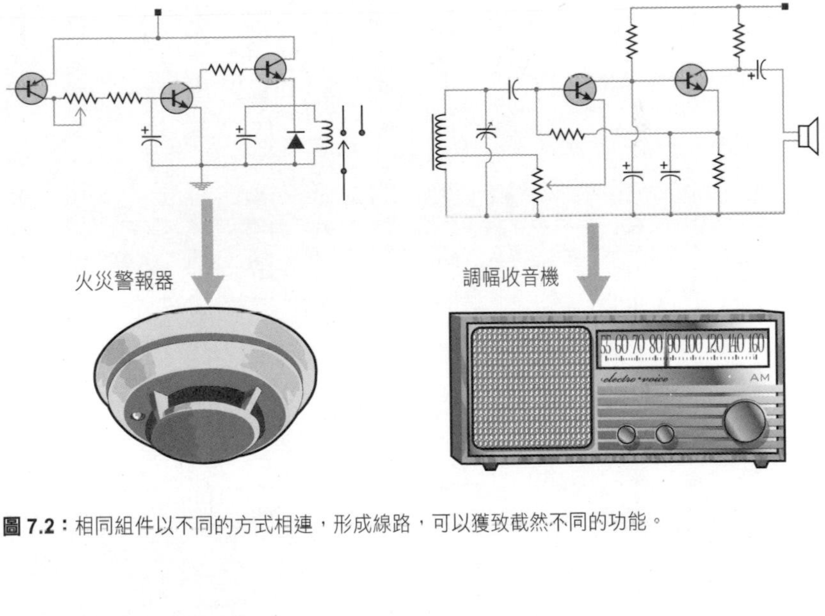

圖 7.2：相同組件以不同的方式相連，形成線路，可以獲致截然不同的功能。

能狀態，可以說是無限多種，即便不是所有的基因體狀態都是可以存活的。我們可以拿電路為例，同樣的一批電阻與電容以某種方式連接起來，可以做成火災警報器；如果換種方式連結，也可以做成收音機（圖 7.2）。

我們體內不同細胞的功能，取決於其基因活動的模式。雖然基本上每個細胞都擁有同樣的一組基因，但在特定時間，不是所有的這些基因都「開啟」。舉例來說，特定的肝細胞會有自己的開／關配置：對於生成該類型肝細胞必要的基因將會開啟，並製造蛋白質，至於其他的基因將會關閉。經由這種活動模式的管理，也就是哪些基因開啟、哪些關閉的確切配置，基因體負責編碼出許多不同類型的細胞。理論上，基因體還能控制更多的不同細胞，其數量可是要比體內現有細胞類型多得多。因此，並沒有什麼必要發明新的基因。

想要在人類與黑猩猩之間做準確的比對，就不應該只是對他們的基因進行普查，而必須在不同的細胞類型當中、比較其基因開／關的配置。當我們進行了人與黑猩猩的腦、肝以及血球細胞的這種比較之後，發現在基因表現的管理上，以腦細胞的差異最大。這一點當不至於讓我們感到訝異，因為腦是造成人與動物不同的最主要器官。人類智力的增長，極有可能是由於基因的管理上發生改變所造成的結果。

基因開啟鍵

那麼基因管理者是怎麼樣讓其它基因曉得，它們應該做些什麼？科學發現的關鍵，通常是經由化約主義（reductionism）。生物學家梅達華（Peter Medawar）說過一句出名的話：「科學是解決問題的藝術。」任何複雜過程都由許多未知之謎組成，不可能一下子就完全解開；解決的竅門是一次只專注其中一項謎題。

因此，想要解答在無比複雜的人體中、基因是如何受到管理的問題，就必須先把複雜的大問題化約到可以讓人著手的小問題。為了取得成果，我們先從大腸桿菌這個老朋友的一個開關開始；大腸桿菌可是比人簡單得多的生物。

我們先來看大腸桿菌裡參與消化乳糖的一個開關。大腸桿菌的乳糖酶操縱組（*lac operon*）是基因體裡的一塊區域，其中含有一組基因，它們共同負責了吸收以及消化乳糖所需的裝備。這組基因的活性需要接受嚴格控制，因為每個大腸桿菌都面臨著周遭細菌的殘酷競爭，它們負擔不起把能量或是細胞內有限的工作空間，浪費在製造多餘的蛋白質上。由此造成的結果，是大腸桿菌的基因體演化，使其可根據可用資源而調節操縱組。

乳糖酶操縱組也包含一個開關區域，調節了其中整組的基因表現（它們一起接受管理及讀取）。乳糖酶操縱組的管理，必須取決於乳糖或葡萄糖的存在與否，才來開啟或關閉乳糖酶基因。如果環境中有乳糖存在（但沒有葡萄糖），乳糖酶基因就必須被活化，好幫忙將乳糖轉變成細胞能量。反之，當周遭沒有乳糖（或葡萄糖）時，該基因就必須去活化，以免浪費資源。當有葡萄糖這種更具滋養的食物存在時，細菌把所有本錢都投入製造分解葡萄糖的蛋白質，是划得來的投資。在這種情形下，細菌會關閉對消化乳糖有用的蛋白質製造，就算有乳糖存在也一樣。總之，只有當乳糖存在，同時沒有其他更可口食物存在的情況下，由乳糖酶基因體製造的乳糖消化裝置才應該被活化。

這樣的程式又是如何使用基因來編碼呢？我們在第一章談過，聚合酶是讀取基因序列，並將其轉錄成信使RNA的蛋白質機器，因此可有效地開啟基因。要想讀取乳糖酶基因，聚合酶必須先把自己接上乳糖酶操縱組的起始端。當細胞裡沒有乳糖存在時，某個抑制蛋白（低階的管理者）會黏在乳糖酶操縱組前方的DNA，那正好是聚合酶這種基因讀取裝置與染色體結合的位置。由於有抑制蛋白擋住了聚合酶，因此，負責處理乳糖的裝置不會被製造出來。

當乳糖分子重新出現在環境中時，有些會進入細胞當中，與抑制蛋白相接。這種結合會稍微改變抑制蛋白的形狀，使得

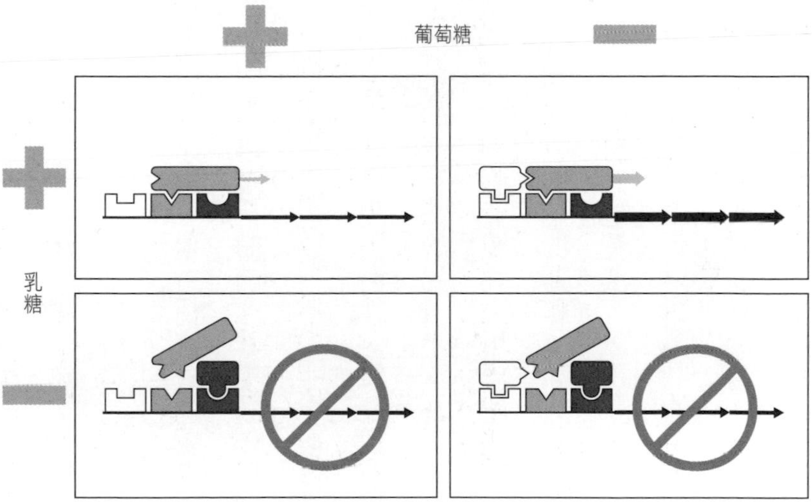

圖 7.3： 由乳糖酶操縱組所編碼的邏輯閘。左排與右排分別代表細菌環境中有或無葡萄糖存在的情況；上排與下排則分別代表有無乳糖這種替代糖存在的情況。由黑色箭頭代表的三個乳糖基因，是消化乳糖所必須。當乳糖不存在時（下排），某個抑制蛋白（深灰色）會避免乳糖酶蛋白的表現，因為沒有乳糖，它們也就沒有用。當葡萄糖這種細菌偏好的糖類在環境中不存在時（右排），某個活化蛋白（白色）會鼓勵聚合酶的結合，以加速乳糖酶基因的表現。只有在葡萄糖不存在以及乳糖存在（上右）的情況下，乳糖酶基因才會大幅表現。

它們不再能附著在DNA上。隨著抑制蛋白的脫離，聚合酶就能夠自由地接觸DNA，於是處理乳糖的蛋白質得以生成（圖7.3）。這是管理演算法的第一部份：沒有乳糖，也就沒有乳糖酶基因的開啟。

聚合酶可能靠隨機找到讀取乳糖操縱組的起點，但這種方式的效率很低，其速度不足以生成能消化大量乳糖的蛋白質。為了引導聚合酶前往其應該作用的位置，還有第二個管理者會製造另一種活化蛋白，接在聚合酶需要接上的停泊位置前方作為輔助。但如果細胞中有葡萄糖存在，該活化蛋白就會失去活性，於是只有非常少量的乳糖消化裝置會被生成。這是決定乳糖操縱組的演算法的另一半：為了充分利用葡萄糖這種更具營養的能源，需要將原本處理乳糖的細胞資源轉來用於處理葡萄糖。因此，乳糖酶操縱組的管理就如同電腦當中一個簡單邏輯閘的運作：如果乳糖存在、而葡萄糖不存在，乳糖酶基因就能夠製造蛋白；在所有其他情況下，這些蛋白就不會生成。

電腦的中央處理器，也就是電腦的「腦」，是由數以百萬計的這種簡單邏輯閘所組成。由每個邏輯閘執行的計算，同樣也能夠在基因體當中執行，使用的是種類似我們在乳糖酶操縱組所見的原理。轉錄管理者將環境中訊息傳給基因體特定位置，邏輯間則是由轉錄因子相互組合所建立，它們或引起、或阻止轉錄裝置與接受其管理的基因接觸。

基因社會的成功管理，根據的不是智慧或意願。管理者蛋白在染色體上的跳動，單純只是由於分子間吸引力造成的結果；蛋白質表面的形狀與電性，吸引了特定的分子，或是自己為更大的分子所吸引，好比DNA字母的特定序列。了解大腸桿菌的乳糖酶操縱組，可讓我們對於人類自己基因社會的管理與運作方式，有一些根本的了解；當然，人類的基因社會比大腸桿菌的複雜得多。

在第五章裡，我們談到過*SOX9*基因，當它生成蛋白質的能力遭受突變後，會產生出許多表現型來。有許多個管理者可與*SOX9*結合，引發或抑制其表現。在大腸桿菌乳糖酶基因的例子，一組完整的基因是同時受到調節的，但在人類的基因體，每個基因都有自己的運算單位，並經由這種過程建立起複雜的管理網絡。整組一起共同運作的基因，則是由一連串的轉錄因子所管理。經由這種方式，轉錄因子本身的活性也由轉錄因子所管理，而形成了複雜的訊息處理鏈。

想要一窺這種管理網絡的一角，我們可以再來看看*SOX9*這個基因，並把焦點集中在人類胚胎階段的性別決定。一開始，無論胚胎性別如何，*SOX9* 基因都會表現。如果是位女嬰，那麼在未來將形成卵巢的發育中身體部位，會開始表現一種稱作貝他—鏈蛋白（*beta-catenin*）的蛋白質。貝他—鏈蛋白會找上 *SOX9* 蛋白並與之相接，執行自殺任務，讓自己與 *SOX9* 蛋白都遭到破壞。隨著 *SOX9* 蛋白的量下降，這些細胞就開始形成卵巢。為了確保這種發育過程中的決定不會遭到逆轉，還有其他的管理蛋白在一生當中都抑制著 *SOX9* 的轉錄，維持卵巢中 *SOX9* 蛋白在低量狀態。

如果是個男胎，那麼基因體當中擁有的Y染色體將會把整個過程轉向。Y染色體上帶有一個 *Sf1* 基因，會加強 *SOX9* 基因的表現。一旦有足夠量的 *SOX9* 蛋白累積，它們就會主導一切，*SOX9* 蛋白會回頭作用於自身基因（它們屬於轉錄因子），進一步增加同種蛋白的生成，以確定終男性一生，*SOX9* 蛋白都維持在高量，至於貝他—鏈蛋白就沒有機會增加到臨界值。同時，它的數量也遠不及 *SOX9* 蛋白的多；再加上貝他—鏈蛋白與 *SOX9* 蛋白結合後出現的自殺任務，將導致它從形成睪丸的細胞中除去。於是，不受任何繫絆的 *SOX9* 蛋白可自由主導，將該細胞的命運推往睪丸的不歸路前進。

SOX9 蛋白會形成一個正回饋環來管理自身表現，並非巧合。這麼做保證 *SOX9* 基因一旦遭到開啟，也就是說 *SOX9* 蛋白累積到一定的閾值數量，就會一直維持下去：睪丸的發育是條單行道。在這種計算當中還有個稱作「前饋環」的有趣細節（圖 7.4）：*Sf1* 是在另一個 SRY 蛋白幫助之下，管理了 *SOX9* 蛋白的數量；後來發現，SRY 也是由 *Sf1* 開啟。

為什麼要搞得這麼複雜呢？為什麼 *Sf1* 不自己來管理 *SOX9*？它為什麼要先引發第二個管理者來幫忙做這件事？第二個管理者看來是避免不穩定的防禦措施。基因社會當中的管理從來不是完美的。如果說有意外發

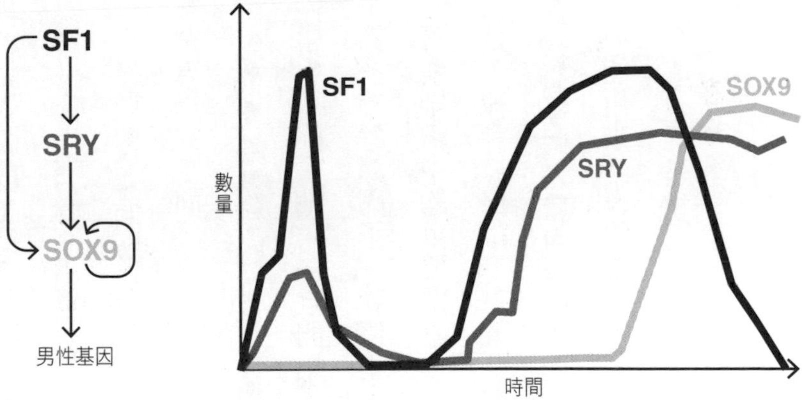

圖 7.4： 前饋環（圖左）及其隨時間而變的功能（圖右）。*Sf1* 蛋白的短暫表現並不足以開啟 *SOX9* 基因，因為沒有足夠多的 SRY 累積。反之，*Sf1* 蛋白的一陣長期表現，引起 SRY 蛋白的累積，於是兩者共同將 *SOX9* 開啟。

生，*Sf1* 在女性胚胎中有短暫地表現，同時它本身就足以開啟 *SOX9* 的話，那麼睪丸就有可能在女性身體裡意外出現。由於前饋環的設計，這種意外不會發生：只有當 *Sf1* 蛋白存在的時間夠長，才會有足夠的 SRY 累積，以協助 *Sf1* 開啟 *SOX9*。經由這種方式，管理階層才能確保不會因為小失誤就影響整個大局的走向。

由於在短暫、意外發生的變動下維持穩定，對許多系統來說都是重要的，因此，像這樣的前饋線路會一再出現在我們的基因體當中。同樣地，一旦開始了，就把系統維持在開啟狀態的正回饋環，以及一旦產生了夠多的轉錄因子，就停止生產的負回饋環，通常都是有用的，也使得它們成為基因體管理結構中的重要部分。

到目前為止，我們只關注了一種調控機制，或是一種計算線路，也就是與基因體相接，引發或抑制基因表現的轉錄因子；只不過在我們每個人體內運作的「電腦」，要比那還要複雜得多。演化是個修補匠，會使用任何能用來計算的東西；因此，能干擾轉錄與轉譯的蛋白質與RNA也都會用於計算，方式是經由破壞或穩定信使RNA及蛋白質，以及經由關閉或開啟基因體的某段區域。

管理大師及希望怪物

我們方才談過，少量的不同組成，經由不同的組合，就能轉變成驚人多樣的可能構造。這個原理是演化改變的核心，比起形成大腦袋或增進調節氣壓的能力，其負責了更基本的一些改變。舉例來說，果蠅基因體當中某個特定突變，會從頭部原本長了觸鬚的位置，生出兩條多餘的腿來。問題是，單一字母的改變如何造成了這種可怕的變化呢？其實突變的原創性是有限的，原本果蠅就已經有好幾對的腿，突變只是生出另外一對來，而不是什麼全新的肢體。再來，新生的腿出現在原本要長出觸鬚的位置，因此突變並不是發明了新的身體部位，而是把原本的構造變成了另外一種。

一九〇〇年，英國遺傳學家貝特森（William Bateson）將這種身體的改變集結成冊，其中包括多了一對乳頭以及多出一組肋骨的人。貝特森的結論是，天然發生的改變通常是不連續的，也就是說會以跳躍的方式出現；這點與達爾文提出演化是漸進過程的說法牴觸。雖說在大多數情況，達爾文的漸進演化說法是正確的，但也沒有什麼法則說跳躍式改變不能發生。在基因社會的歷史上，漸進變化之所以更為常見，是因為它們較不可能顛覆由基因編碼的生存機器（也就是生物本身）。但是由貝特森所記錄的改變當中，提供了演化可以跳躍出現的大量證據。

這樣的改變可以是驚人或可笑的，但有時它們會生出所謂的「希望怪獸」來，也就是增加了生殖成就的個體。例如將雙翅的果蠅轉變成四翅的突變，多出來的一對翅膀是從正常果蠅原本長著平衡棒的位置發出，那是一對幫忙平衡的小附肢。對飛行的昆蟲來說，在某些情況下，四翅可能要比雙翅來得好。許多其他昆蟲，例如蝴蝶，就帶有兩對翅膀。

問題是，單一個突變如何就能協調安排了整個肢體的出現，其中還包括許多不同類型的特化細胞、以巧妙的方式組織在一起？這種神奇的突變，削弱了某個稱作超級雙胸的基因（*ultrabithorax*，簡稱 *Ubx*）。*Ubx* 負責平衡棒的生成，出現在蠅類遠祖最早發育出翅膀的位置；換句話說，果蠅的第二對翅膀經演化變成了平衡棒。

至於蝴蝶也擁有 *Ubx* 基因，它們保留了原始的兩對翅膀，而沒有平衡棒。在蝴蝶身上，兩對翅膀的大小以及眼點的色澤，都有所不同。*Ubx* 控制了所有昆蟲的特定體節。

Ubx 是個資深管理者，是控制了一整個精心策畫程式的轉錄因子。*Ubx* 在蠅類與蝴蝶的差異，在於接受它們管理的基因組合是哪些：在蠅類，*Ubx* 開啟生成平衡棒的基因；但在蝴蝶身上，同樣的管理者控制了生成第二對翅膀所需的基因。

研究胚胎發育中的基因管理，給我們帶來更深層的理解。有則流傳的故事是說，兩世紀前，生物學家馮貝爾（Karl Ernst von Baer）面臨了一個有趣的處境：他實驗室存放爬蟲類、鳥類以及魚類胚胎的瓶子標籤年久褪色，而變得不可辨識。因此，這位全球最偉大的胚胎學家試著以目視分辨，結果發現他無法辦到！他發現在胚胎某個時期，所有的脊椎動物基本上看來都一個樣。

胚胎發育中的這個特定時刻，稱為系統發育階段（phylotypic stage），是胚胎開始形成脊椎動物可供辨識特徵的時期（圖 7.5）。系統發育階段呈現了身體大致的布局，好讓特化的表徵，例如烏龜的殼、豬的長鼻，或人類的大腦袋等，可以在發育的後期添加其上。在《物種原始》書中，達爾文引用了馮貝爾的觀察，作為物種擁有共同祖先而彼此相關的進一步佐證。

上述發現對於生物如何組成的問題，又告訴了我們什麼呢？動物在胚胎發育的特定階段，為什麼會那麼相似的原因，科學家又多花了一百多年時間才弄清楚。為此，我們得先回頭來談果蠅：在果蠅身上，有少數幾個基因發生突變後，就能改變整個身體的部位（例如觸角變成腳，或平衡棒變成翅膀）。由此發現了兩個意外的事實：其中之一，是這些具有轉化能力的基因經定位後，位於基因體上相鄰的位置；其二是在發育過程中，這些基因的開啟順序，與它們在染色體上的前後位置相符，就好比該區攜帶了製造果蠅的整體規劃圖。

　　但是最發人深省的發現，出現在把果蠅的這段基因區域與其他動物的相同區域做比較。直到一九八〇年代，研究人員都認為不同動物擁有相當不同的基因組合。因此，當他們發現果蠅的這群具有轉化能力的基因（統稱為 *HOX* 家族），在秀麗隱桿線蟲以及小

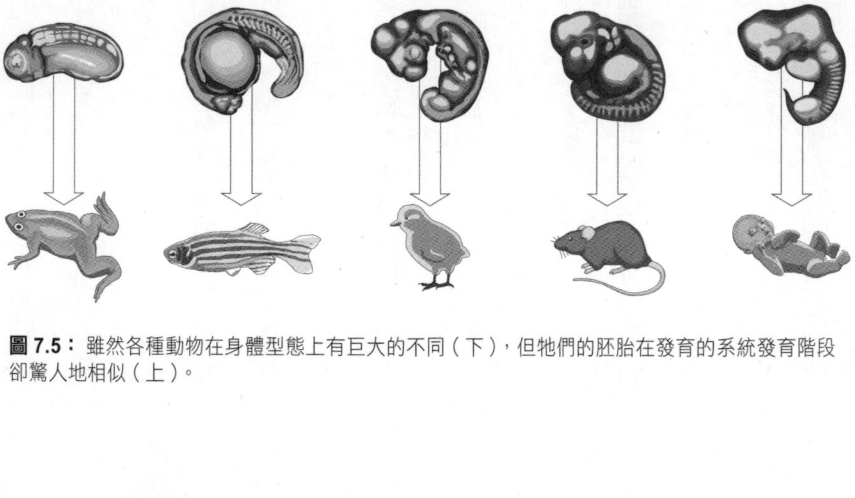

圖 7.5： 雖然各種動物在身體型態上有巨大的不同（下），但牠們的胚胎在發育的系統發育階段卻驚人地相似（上）。

鼠身上都有對應的版本、並以幾乎完全相同的方式排列時，可是讓他們驚訝不已。

不同動物的 *HOX* 基因不只是攜帶了非常相似的字母序列，它們甚至還能彼此互通有無。譬如說線蟲或小鼠身上的某個 *HOX* 基因有所缺陷，由此受到影響的胚胎發育，可由提供相對應的果蠅基因而得到補救。大多數動物都有 *HOX* 基因群（有些動物沒有，例如櫛水母）；由於 *HOX* 基因管理的是身體各部位的特性，因此不同動物在胚胎發育的某個時期看起來相似的問題，得到了解釋：牠們都擁有相同的資深管理者，也就是同一組的 *HOX* 基因。

除了共享 *HOX* 基因群之外，控制發育的基因體在不同動物身上，彼此也出奇地相似。例如，掌控肌肉發育的三個關鍵管理基因，在所有動物都是相同的，但造成的結果，卻有如小鼠與果蠅那樣天差地別。不同的不是基因本身，而是它們彼此互動的方式。管理階層的互動網絡，是合作與阻礙的複雜之網。其中有些互動在所有動物是相通的，但有些在演化過程中完全改變了。

在介紹完動物發育之後，讓我們來看看另一種完全不同的發育。當時局不佳，像枯草桿菌（*Bacillus subtilis*）這種細菌會將子代密封在一種類似時光膠囊的狀態，等時局變好了再破囊而出。當養分不足時，枯草桿菌會開始製造所謂的孢子，那是一種特定的細胞類型，其抗性之強，甚至能在滾水及原子彈的輻射下存活。當孢子形成後，母細胞就自殺，把後代留下，等待好時年的到來；即便是過了千年，孢子也能重拾正常枯草桿菌的生活。同樣地，這個過程也是由一群管理者組成的網絡所控制。該過程是由一個稱作 *Spo0A* 的資深管理基因起的頭，之後開啟了整個一連串的其他管理，直到整個細胞都全力進行製造孢子為止。這點與我們體內某些細胞在胚胎發育期間，致力於形成卵巢或睪丸的情況很像。後來發現，*Spo0A* 也不是陌生人，它就是 *HOX* 基因在細菌當中的名字。在所有的細胞生命中，它們最資深的管理者都是遠房表親，各自在非常不同的組織中執行著相同類型的工作。

關於基因調節還有最後一點想法，讀者可以想想：如果自己因為意外而失去一根手指頭的情形。為什麼我們不能重新長出一根新的指頭來呢？既然一早我們能長出手指來，那麼我們的細胞應該知道怎麼做；那為什麼它們不能再做一遍呢？雖然我們當中大多數人都很幸運，一輩子手指齊全，但牙齒就不好說了。如果說我們能自然長出新牙，以取代失去的牙齒，不是好事一樁？

在過去六十年間，我們已學會讀取以及瞭解基因體的語言，但我們自己還沒學會怎麼說。是否有那麼一天，我們學會如何改變基因程式，可幫忙替換有瑕疵的身體部位？蠑螈可以重新生出四肢或眼睛，其他動物也有重新生出失去身體零件的類似能力。有朝一日，在研究那些動物的基因體與人類的基因體有何差異之後，我們也有可能說服自身細胞重新長出身體零件來。

針對基因的調節，可以讓同樣的一組基因，生出各式各樣可能的表現型來。但是否所有的全新表現型都是由混合與配對造成的呢？有時，還是必須要有新的成員加入基因社會當中。

第八章

偷竊、模仿，以及創新之源

「創新只不過是精明的模仿罷了。」

——伏爾泰（*Voltaire*）

二十世紀初，在後來變成以色列國的所在，出現了兩個集體社會：基布茲（kibbutz）與莫夏夫（moshav）。我們可以想像有兩位年輕女子（姑且稱她們為愛達與夏娃），分別於基布茲與莫夏夫長大。她們會走上什麼樣的人生道路呢？

基布茲是種實現烏托邦式社會主義的集體生活系統，其數量以百計算。愛達會與其他生活在基布茲的小孩一起長大，而她的父母會分開居住。這些家庭共享所有資源，整個社區也只有一個銀行帳號。當她長大後，愛達預期將會留在基布茲，並與她的一位同伴結婚。她會參與基布茲的主要事業，可能是專精於鑽石切割或是滴水灌溉的工廠。隨著一代代人口的增長，基布茲必須創造新的工作機會。為了滿足需求，現有的工作經常給細分為幾個專業化的工作；譬如說愛達的母親在基布茲的工廠做的是兩件相關的工作：將切割好的鑽石打磨，並檢視其品質；這兩項工作，將會分配給她的兩個女兒。愛達將專門做品質檢視的工作，她的妹妹則負責打磨。這種專業化可讓愛達和她的妹妹變成比她們母親擁有更高度的專業技能。

在莫夏夫長大的夏娃，將會有不同的經驗。莫夏夫是由合作農民組成的社區，許多莫夏夫至今仍然存在。這些農場的大小固定，其中每一戶人家都生產一種特定作物。這種社區的目標是自給自足；為了讓每個家庭的農場維持完整，只能有一個孩子繼承整塊地皮，其餘的孩子則分不到任何地產。假定夏娃生長在專門製造山羊起司的家庭，由於沒有繼承到家業，因此她必須另謀出路。她可以帶著製作山羊起司的經驗遷移到新的社區，可能是另一個還沒有人製作山羊起司的莫夏夫。這樣的技術轉移，對夏娃以及新社區來說都將受益：一來該莫夏夫有自產的山羊起司，再來夏娃的未來也得到保障。

以眼還眼

於基布茲與莫夏夫生活成長的孩童情況，是社會當中的新成員以不同方式謀生的代表：藉由專精並建立一門新的行業，或是將他們的技術轉移至另一個社會。同樣地，專業化以及技術轉移也是基因社會的新成員融入社會的兩個主要方式。

作為第一個例子，我們且來看看在人類古老的動物歷史中，新的基因是如何受到引進，讓人類的前身動物能看到顏色，而不只是單色。我們看到的顏色，來自眼睛當中三種受體所接收的訊息，分別是紅色、綠色，以及藍色。一個獨立的基因製造了這三種受體，並將其分別微調在一定的光線頻率範圍內。當光線投射至眼睛，就引發了三個特定訊號，經腦部處理後可讓我們分辨數以百萬計的不同顏色。

想要瞭解這個由三個受體組成的系統是如何演化的，有必要先來看看更晚近的一項發明：彩色電視；那對我們感知虛擬實境來說，是戲劇性的一步。當電視還在黑白兩色的年代，許多人相信自己作的夢也是黑白的。但是從技術層面來看，從黑白電視的發明進展到彩色，到底有多困難呢？

能夠呈現上百萬種顏色的彩色電視，靠的是玩弄人類的彩色視覺。由於人類只有三種可以偵測顏色的受體，彩色電視只需要給每種受體提供一種訊息；例如紫色是紅與藍的混合，所以同時刺激了人眼當中能偵測這兩種顏色

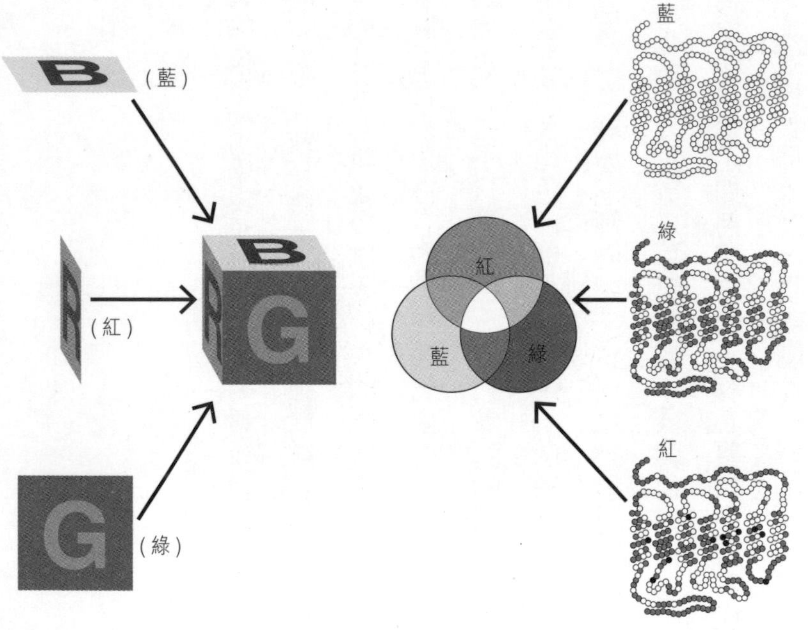

圖 8.1：圖左顯示彩色電視如何呈現影像：每個像素呈現了藍、紅與綠三個不同顏色的點；我們的腦再將它們組合成彩色影像。圖右是三種視紫素光受體，協同起來可以抓住許多顏色。藍色與綠色視蛋白的變化，以灰圈顯示；紅視紫素與綠視紫素之間的變化，以黑圈代表。

的受體。當我們的腦子從眼睛受體同時接收了紅色與藍色的獨立訊息時，它就會把光源視為紫色。想要讓電視機能投射彩色影像，發明者將原本就存在於黑白電視的光源投射系統一分為三，並給每個子系統一個不同的顏色：紅、綠，以及藍。經由反覆複製黑白電視的零件，並在每個備份中加入一個小「突變」，彩色電視於焉誕生（圖8.1，左）。

基因社會以類似的方式發明了視覺。由單一種光受體構成的單色視覺（基本上是黑與白），在演化早期的動物就已存在。該受體不斷地經過複製及修飾，最終造成今日基因社會中偏好三種不同光線的光受體。我們之所以知道彩色視覺是以這種方式出現，是因為我們比較了三種視覺受體蛋白：視紫素（opsin，或稱視蛋白）的基因編碼，發現它們的序列非常相似。這麼高的序列相似度，是非常不可能隨機產生的，而幾乎可以肯定源自它們的共同祖先（圖8.1，右）。

基因重複（gene duplication）是種特別形式的突變：當聚合酶這個DNA複製機器在模板上出現失誤，重讀了已經複製的部位時，就會由於DNA複製錯誤而造成突變。另一個經常出現、導致基因重複的意外，發生在減數分裂的重組之時，那是有性生殖的前奏，將個人遺傳自父母的兩條配對染色體進行混合（第三章）。當一條染色體上與其配對染色體並排時，如果出現某區域與錯誤區域並排的意外，那麼造成的備份之一，會失去這兩個區域之間的序列，但在另一個備份卻造成重複。

在視紫素的歷史早期，動物遠祖只有一種視紫素基因；該基因經過了連續四次的複製，造成了五個視紫素基因，分散在整個基因體當中。五個基因當中有一個負責製造了對低度光線敏感、但無法分辨顏色的桿視紫素；那也是在夜間裡，所有的貓看起來都是灰色的理由，因為只有桿視紫素夠敏感，才能在夜間視物。如果我們只有桿視紫素，那麼黑白電視就足以滿足我們的需求。其他的視紫素屬於錐視紫素（cone opisn），可讓人類祖先分辨顏色。隨著視紫素基因出現額外的重複，以及之後經由突變造成的修飾，人類祖先的視覺也變得更為豐富。

在恐龍盛行的年代，最早期的哺乳動物屬於夜行生物；牠們對於仰賴高度照明的彩色視覺需求不高，於是其祖先演化出來的四個視紫素，牠們丟失了其中的兩個。因此，大多數哺乳動物眼中所見的彩色世界，要比我們看見的貧乏些，除了一些色盲患者以外。色盲患者的基因體與大多數哺乳動物一樣，只包含兩種有功能的錐視紫素，因此看到的顏色也與多數哺乳動物相同。

由於猿類及猴類較晚近的祖先不再是夜行動物，因此牠們發現了彩色視覺的優點：能看到顏色，有助於在明亮的白天覓食。牠們體內的錐視紫素基因之一，經由另一回的隨機複製，給牠們帶來分辨三原色的能力，賦予牠們三色視覺；之後，天擇再將其提升至顯著的地位。擁有更豐富的彩色視覺，必定增進了牠們偵測果實的能力。此外，人類與其他具有三色視覺的猿類失去了部分的臉毛，應該也不是巧合，因為這麼一來，牠們就能夠看到對手或伴侶臉部膚色的細微改變。

基因的重複，也就是將第二個備份插入基因體的另一個位置，解決了創造新基因的概念性問題。假設突變改變了某基因的一或多個字母，同時突變的新版本正好具有新且有用的功能。在突變前，該基因很可能在基因社會中執行了某個有用的功能，那麼突變後它還能執行原來的功能嗎？又如果說該基因在發生突變前，就出現過複製，那麼就還會一個備份能執行原來的功能。生物學家大野乾（Susumu Ohno）在一九七〇年最早領悟到這個想法的重要性，他的原話如下：「天擇只是修飾，重複才進行了創造。」根據大野乾，幾乎所有基因社會中的創新，都來自於現有基因的重複。天擇會保證仍有一個基因備份維持原來的功能，至於另一個備份就可以自由地取得新的功能，然後接受天擇的揀選。

如果某個視紫素基因的兩個複本一直都執行著相同的功能，那它們將不可能存活下來，因為將其中之一消除的隨機突變，並不會遭到天擇的強烈懲罰。反過來說，如果這兩個複本各自專精於偵測不同的波長，那麼它們的聯手將比單一個非專業化的視紫素表現更好，於是這兩個備份也較可能在基因社會中存活，並佔有一席之地。

我們可以拿住在以色列某個擴張中基布茲的女銷售員和他的兩個女兒來做比較：其中一個女兒繼承了母業，利用書信與該基布茲的老客戶與可能的新客戶往來；另一個女兒則可以自由地嘗試新機會，最終她可能架設網站，給基布茲的事業加入了網路的銷售管道。

一般來說，新增的重複基因與其模板是一模一樣的，因此功能上也幾乎雷同。但重複的基因也可能取得了截然不同的特性。例如視覺並不只是光受體而已，眼睛還需要晶狀體把光線聚焦在受體上，就好比照相機需要鏡頭將光線聚焦在相機的光感應器上。在動物體內，這種晶狀體是由一種稱作晶體蛋白（crystallin）的透明蛋白濃液所形成的。晶體蛋白的主要任務是充滿晶狀體當中的空間，增加晶狀體的折射係數，但維持晶狀體在透明狀態。從它們的DNA序列，可輕易看出許多負責晶體蛋白的基因，是一些負責代謝基因的複本；例如某個人類晶體蛋白原始版本的功能，在於專門分解酒精。

動物通常不會費力氣去複製生成晶體蛋白的基因，例如鴨子晶狀體中有十分之一的晶體蛋白，同時也是分解乳酸的酵素；乳酸是我們在激烈運動時，肌肉的產物。這種兼職現象在酵素當中並不罕見，許多酵素都同時執行了好幾種功能，有些類似、有些則毫不相同。這種多功能性提供了新基因功能的一種漸進的演化模式；如果某項工作需要有人做，那麼任何在附近晃蕩的基因都可以拿來使用。天擇會安排隨機突變（或者已經存在於等位基因的變異）來優化基因的表現或字母序列，以完成新的任務。

但是基因在這兩種功能之間，經常會出現一些權衡取捨，不會都表現得很好，就如同要不容易找到同時專精造船與製作樂器的工匠，是一樣的道理。當具有兼職功能的基因隨機出現重複時，天擇就可能抓住這個機會將其進行分工，創造出兩個專家來。

我們的嗅覺是否也使用了與視覺類似的系統？人類可以分辨數以百萬計的不同氣味，每一種氣味都是由飄浮在空氣中的分子組合而成。我們只需要三種光偵測器的組合，就能把光訊號定在連續光譜的某個位置，因而讓我們看得見上百萬種顏色。但分子是獨立的，似乎沒有什麼方法可以只用少數幾種受體就分辨那麼多的分子。然而，我們也只需要幾百種氣味偵測器就能分辨數百萬種氣味。每個特定的氣味分子活化了我們鼻子裡特定的嗅覺受體組合，同時腦中的特化部分則可處理數以百計的訊息。每種由氣味引發的特定受體組合，經腦部整合後，該複雜訊息就變成了一種氣味。

原則上，受體的多樣性可以利用受體組成的排列組合而產生，就像免疫系統從少數幾種現存的基因組成，利用混合式玩具的策略，就能針對入侵蛋白製造出數以百萬計的偵測器（譯按：指的是抗體）。但在嗅覺的例子，走的是更簡單的演化路線：數以百計的嗅覺受體，都是由不同的基因所編碼。

在早期一種類似魚的動物身上，第一種嗅覺受體只能辨識一類分子。經由某個基因意外，該基因在某個體的基因體裡遭到複製，於是有了兩個獨立的備份。其中一個備份可能出現隨機突變，由此造成受體能辨識稍微不同的分子。遺傳到這兩個在功能上有所不同的重複基因，有可能更擅於分辨有益及有害的食物，因此，天擇也會青睞重複的嗅覺基因。

這個過程不斷重複，複本一再複製又複製，直到原始嗅覺受體的後代形成了今日人類基因體當中所有嗅覺受體組成。這就像一開始只有少數幾位成員的基布茲，他們必須完成工廠裡所有的工作。隨著這些創始人員的家庭逐漸擴張，該基布茲也發展成具有複雜分工系統的完整社會，分別由他們的後代負責。

如果我們針對自己的基因體做普查，將會發現有百分之五的基因屬於嗅覺受體的複本。以人力而言，偵測氣味是基因社會中最大型的事業，是人類基因體當中最大的基因家族。但在將近一千種的嗅覺受體基因當中，有三分之二是損壞的基因。這些死基因（稱作偽基因）帶有的突變，使得它們不再能夠執行任何有用的功能。

為什麼我們的基因體裡會帶有嗅覺受體基因的墳場？為什麼這些基因一早會死亡？當有某個突變會損及基因的功能時，該突變在演化時間刻度中的下場不會太好。帶有該突變的等位基因會很快地從基因社會中除去，因為攜帶了該突變基因的人將處於不利的地位。這個過程稱為負向選汰，也就是先前介紹的正向（達爾文式）選汰的反面。正向選汰是由於突變增加了生殖成就，而逐漸變得常見的過程。

隨著人類的靈長類祖先出現了三色視覺，他們很可能會越來越依賴視覺，而非嗅覺；因此，偵測氣味的系統也會變得較不重要。在這樣的情境下，由某個嗅覺受體出現突變造成個體的不利，不至於嚴重到危及存活的地步。他的子嗣中有一半會遺傳了這個已死的嗅覺受體基因，但不會有任何明顯的影響。隨著時間過去，許多失去用途的基因會以這種方式死去，還有許多則走在死亡的路上。對某個嗅覺受體基因來說，有些人可能攜帶著具有功能的等位基因，另外一些人的等位基因則是死的。最後是哪個版本在基因社會中存留下來，完全靠機運。

犬類只有兩種不同的顏色受體（錐視紫素），因此牠們能看到的顏色與色盲患者相似。但狗的差勁視覺可由牠們超凡的嗅覺能力而得到補償。犬類的基因社會裡帶有的嗅覺受體數目，與人類所有的相當，但其中大部分都還存活且運作良好。

都是一家人

在任何複雜的基因社會中，基因重複是常規，而非例外。雖說人類的基因體中確實帶有只有單一備份的基因，但重複的基因佔了其中大多數。經由好些回的重複所造成的基因家族，具有各種大小。如前所言，嗅覺受體基因家族是其中最大的，差不多有一千多個基因，至於視覺的視紫素基因家族可是相當小。

但什麼又是家族呢？我們自己的核心家族是一個大家族的一部份，其中包括祖父母，以及包括幾服以外表親的更大家族。我們可以把嗅覺受體看成是一個巨大家族，其中包括的基因表親還參與了細胞之間的溝通。嗅覺受體以及它們參與細胞間溝通的表親，都是由同一個「祖母」基因的複本建立起來的（圖 8.2）。

古老的複本到了今日，經常突變到難以辨識的程度，一如大多數人類家庭只能回溯至幾代以前的遠親。根據這個說法的合理邏輯結論，就是說幾乎我們所有的基因都是一個大家族的成員，包括那些我們認為是只有單一備份的基因在內。所有基因的祖先都可能上溯至只有幾個基因存在的年代。經由一長系列的複製與修飾，當初的少數幾個基因最終變成了豐富的人類基因社會。

重複可以以任何的規模發生：重複可能只包括幾個字母，把某個基因加長一些；或者包括染色體的整段區域，而影響了許多基因；甚至整個染色體的複本都可能在細胞分

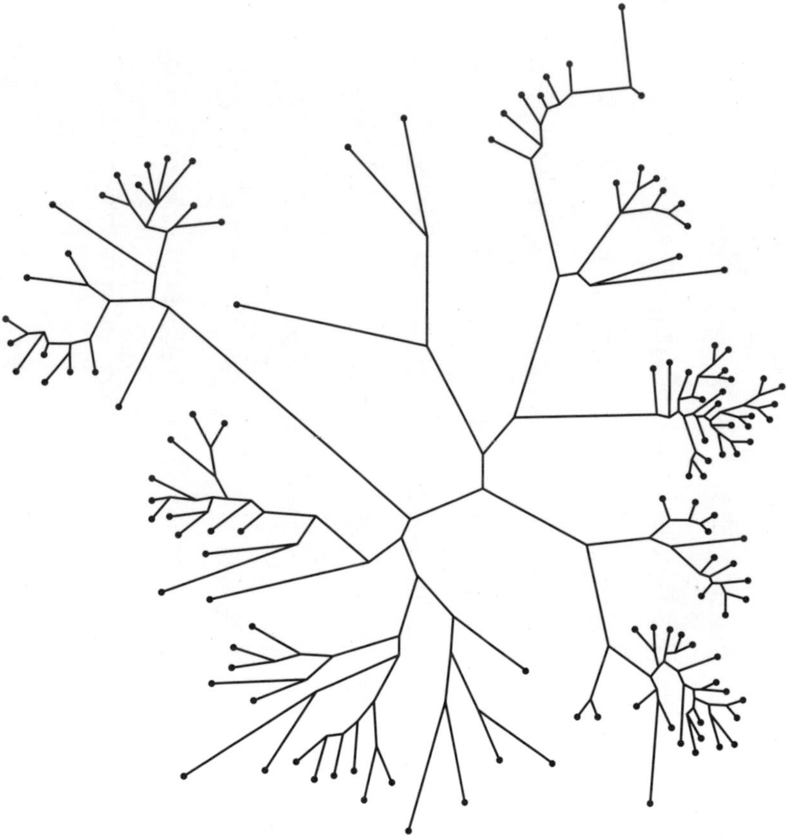

圖 8.2： 某個基因的家族系譜。每個圈圈代表一個基因，其間的連線代表它們的關係。雖說圖中所有的基因都屬於同一個家族，但其中有幾個不同的核心家庭，卻不容易判定；到底是有一個、四個，還是十一個？

裂時被誤植進入細胞。

然而，所有的重複之母，應該是整個基因體的複製。細胞的裝置是為了兩組配對的染色體設置的，而不是為了四組；因此，遺傳了如此極端突變的人類胚胎，是沒有多少存活機會的。就算某個重複的基因體可以建造並控制一個活人，該個體也不可能與帶有正常兩個備份染色體的配偶，產生健康的下一代。他們將會是不孕的，因為等他們要製造卵子或精子時，將不可能把這些備份一分為二。就算有這些主要的障礙，但在很長一段時間中，全基因體重複還是有可能成功一回。我們人類的基因社會是不只一次、而是兩次完全複製的後代，那發生在四億年前左右，那時我們的祖先還是魚類。

這些基因體複製在基因社會中留下了巨大的印記，其中一個範例就是 *HOX* 基因家族，基因社會的高層管理者。我們在前一章談過，*HOX* 基因控制了發育中胚胎的其他基因在何時何地表現，因此建立了動物身體的藍圖。線蟲類及蠅類的染色體上只有一組 *HOX* 基因（在蠅類分成兩部分），但人類的基因體帶有四組 *HOX* 基因，分散在四條不同的染色體上，正好符合出現連續兩次全基因體複製後的結果。隨著基因社會裡有越來越多專精於建構身體的管理者出現，它們就能設計出越來越複雜的身體。這種在脊椎動物出現的複雜身體藍圖，確實根植於*HOX*基因的這種特殊安排。以我們的拇指為例，所有其他手指都是由某個*HOX*基因群當中的三個基因表現所造成；但在拇指，這三個基因都不活化，因此解釋了拇指的不同形狀。

基因體重複不僅只在人類的歷史中發生，同時也出現在植物、真菌，以及魚類當中。基因體重複是基因社會當中不時出現的巨幅跳躍，與達爾文理論的漸進演化改變不符。基因社會中的大多數改變，看來確實是由漸進改變造成，但真實出現過的少數幾次基因體重複，卻造成了重大的後果。

基因體重複對於基因社會來說，代表什麼意義呢？當我們把所有基因看成是一個社會，每個基因就是一個企業，其中有許多等位基因在競爭。當某個基因出現了重複，也就等於整個企業翻了一倍；如果整個基因體出現複製，也就是所有的企業都被複製了一遍。因此，全基因體重複是所有企業都被複製的情況。在這種重複的基因社會中，許多多出來的基因是重複的，就好比有兩個完整的企業都專注於烘焙、修車，及其他。許多這些重複的企業不會在基因體當中存活太多，因為天擇會使隨機突變默默地去除多餘基因的功能。

重複基因想要長期存活的唯一機會在於專業化，就好比一家什麼都做的烘焙店可以分成三家，一家專做麵包，一家專做貝果，第三家則專做甜甜圈。基因複本只有在有限的時間內取得新的角色，不然就可能由於隨機出現的不良突變，讓天擇給淘汰了。

在紅血球當中負責攜帶氧給細胞火爐的血紅素蛋白組成，就是基因複本藉由專業化讓自己變得有用的範例。人類的血紅素是由阿爾法（alpha）球蛋白與貝他（beta）球蛋白組成，分別由基因體內兩個不同的基因負責編碼。阿爾法與貝他球蛋白的基因是參與血紅素蛋白組成的專家，但它倆的相似度甚高，明顯屬於某個古老、非專業化球蛋白基因的複本；早期的血紅素功能就完全由該基因一手負責。

事實上，人類的基因體裡包含了更多的球蛋白基因複本，各具有稍微不同的性質，專門用於特定的場合。其中一種，伽馬（gamma）球蛋白，目前在人類身上完全沒有用；只有在人類胚胎早期運作，直到來自父親的基因體半數，與卵子當中來自母親的基因體半數結合以後的六周大之後。等到人類出生開始，血紅蛋白就主要只包括兩個阿爾法和兩個貝他球蛋白了。這些不同類型的血紅素與氧結合的強度有所不同：胚胎與胎兒的血紅素與氧的結合力，要比成年型的血紅素更強，因此它們從流經臍帶的母血中吸取氧的效率也更高（圖8.3）。

基因社會的樂高組合

要說小孩與父母有什麼意見相同的事，可能要數「由丹麥製造的樂高組合玩

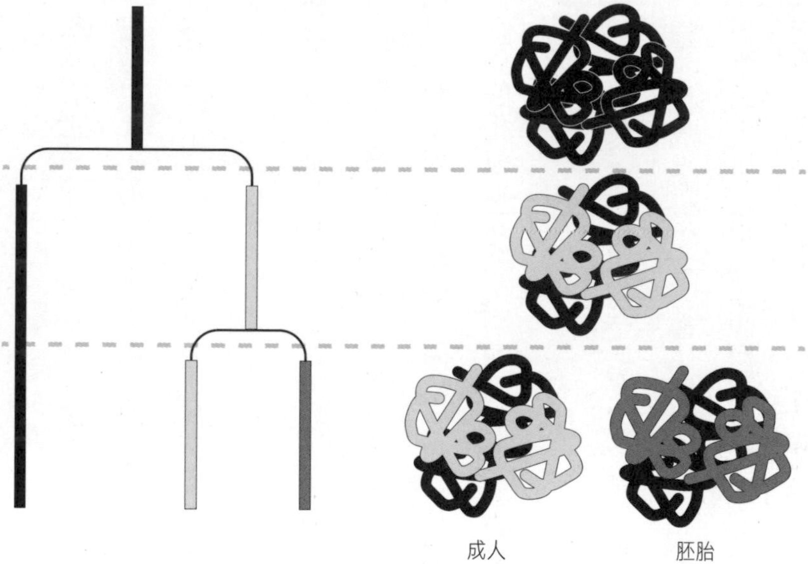

圖 8.3： 大多數成年人的血紅素是由兩條阿爾法球蛋白（黑色）與兩條貝他球蛋白（淺灰色）組成。在胚胎的血紅素，貝他球蛋白則由伽馬（gamma）球蛋白（深灰色）取代。圖左的親緣關係樹顯示了這三條血紅素球蛋白的關係：一條遠祖的球蛋白基因（頂端）經由複製，導致了專業化的阿爾法與貝他球蛋白（中間）出現；接著，貝他球蛋白又再經由複製，形成了另一種專門適合子宮內環境的伽馬球蛋白。

具是有史以來最棒的玩具」這條。為了吸引顧客的重複消費，今日的樂高組合推出了由專門定製、以建造某個特定構造（例如拖吊車或星際大戰的死星）的零件組成。樂高組合玩具的原始想法比那簡單得多，也更有前瞻性：只要數目夠多，其長方形的積木設計可以讓人建造出幾乎任何想像得出的物件。許多基因也是由類似的模組建構系統組成；這些基因是由所謂的「域」（domain）結合而成；而域就是基因體當中一再重複的簡單建築方塊。

就拿基因體當中的管理者為例，前一章中我們談過，轉錄因子是可與其他基因起始端的調節開關相接的蛋白，因此控制了這些開關可於何時及何地開啟與關閉。參與人類語言以及鳥類鳴唱的 *FOXP2* 基因，就包含了兩種類型的域：其中之一是個帶翼螺旋（winged helix）區，由於其蛋白質編碼區類似蝴蝶狀而得名；該域的雙翼形狀，正好跨坐在人類基因體某個對應的 DNA 區段。另一個則是個拉鍊（zipper）域，作用是與其他 *FOXP2* 蛋白的拉鍊域結合（圖 8.4）。

如今已經發現有數千個類似樂高的基因體域，每個域一般都執行了一項特定功能。超過八十％的人類基因都包含了至少兩個不同的域，而這些域的組合讓它們變成

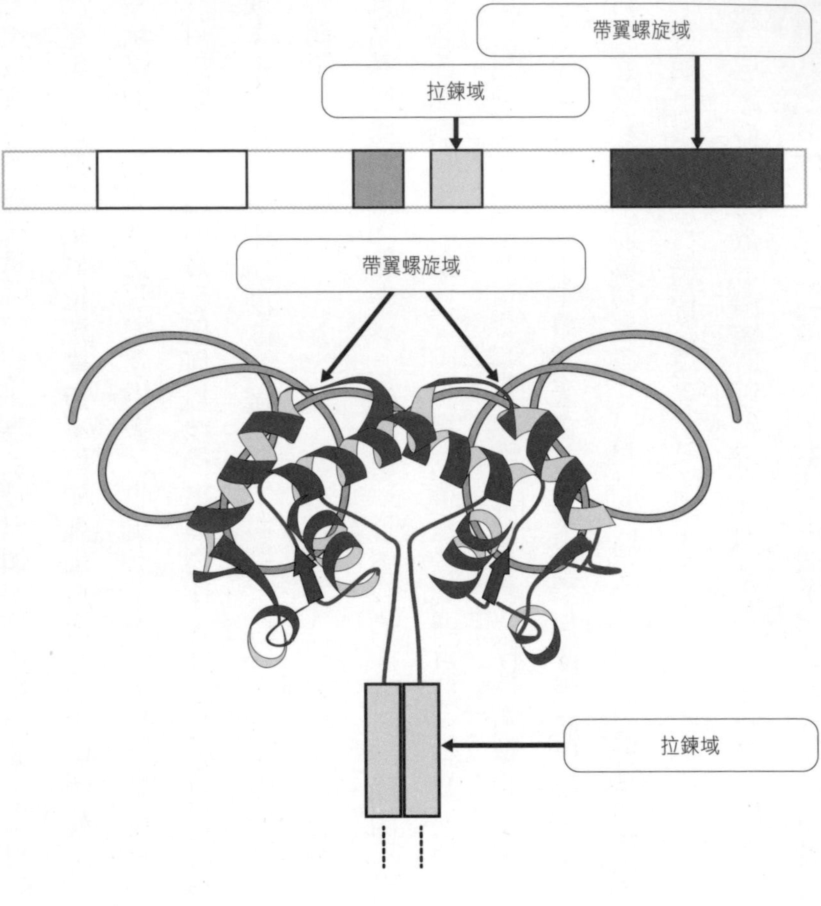

圖 8.4：*FOXP2* 基因以及它的拉鍊和帶翼螺旋域。圖的上方是基因序列的示意圖，其中帶陰影的區塊代表域。圖的下方展示了兩個 *FOXP2* 蛋白，由它們的拉鍊域給固定在一起。帶翼螺旋域是座落在一段相對應染色體上（*FOXP2* 蛋白的結合位置）的深灰色與淺灰色螺旋。

了特定且複雜的機器。經由重新組合這些類似樂高的域，幾乎可以創造出變化無窮的全新基因來。這一點類似人類免疫系統用來製造大量不同抗體的策略，也就是將基因體上「變化、多樣與連結」（Variable, Diverse, and Joining, [VDJ]）的區段做重新組合（參見第二章）。其中一個重要的差別，是域的重組不是專業化機組的常態作業，而是罕見的基因體意外事件。如果說兩個在其他方面都不同的蛋白質擁有一個相同的域，那麼極有可能，其中至少有一個是由發生過意外混合的早先基因所組成，也就是出現過域的重新洗牌。因此，一般來說，新基因是由其他基因的重複或是由現存基因的混合所產生的。

外銷與內銷生意

無論是作為獵人還是獵物，早期人類要是能飛，都會有所幫助；那為什麼古老的人類基因社會不從鳥類複製相關的基因呢？

首先，在人類的基因體裡加上一個、甚至好幾個鳥類基因，幾乎是不可能讓人科動物飛起來的。其次，複製得來的鳥類基因只有納入精子或卵子（生殖細胞）的基因體當中，才有可能運作，但強烈的種別屏障會阻止外來的DNA進入生殖細胞。就算有個外來的基因序列進入了精子或卵子細胞，它也會被摒除在染色體之外，不得其門進入，因為染色體受到細胞的特別保護。這麼多的阻礙可能是權衡之下的產物：把其他生物的好東西納入自身聽起來可能不錯，但大多數能與我們的基因體並排並納入的序列，卻不是有益處的。

這些限制適用於所有的複雜動物與植物，但對細菌來說（包括不起眼的大腸桿菌在內），故事又不同了。細菌有好些方法能選取外來的DNA：它們能把DNA當成食物吞入，或是由造訪它們的病毒帶入。細菌並沒有專業化的精子或卵子之類的獨立生殖細胞，它們就只是能不斷分裂的單細胞生物。細菌的基因體散落在細胞內，可自由接觸。還有一件同樣重要的事，就是細菌不大在乎失去。如果細菌以身涉險，好比從完全陌生的生物取得一段DNA納入自身，它可能因此而死；但細菌是單細胞生物，它有許多帶著一模一樣基因的手足存活。就算是新近納入的DNA只有稍許害處，攜帶了這段DNA的細菌也會被其數量龐大的孿生兄弟給排擠出去。由於細菌族群的數量通常龐大，可以輕易承擔損失一個細菌的代價；但在罕見的案例中，納入細菌的ＤＮＡ提供了意想不到的好處。當有這種事情發生時，攜帶了該段ＤＮＡ的幸運兒後代，就會取代整個原先的細菌族群。

將外來的ＤＮＡ納入自身基因社會的能力，提供了細菌巨大的演化彈性。如果某個細菌來到了新環境，它可能會碰上已經適應了當地環境的其他菌種。從已經適應的細菌居民中選取ＤＮＡ納為己用，可讓新來乍到者加速其適應過程。這種過程與人類祖先從尼安德塔人取得適應非洲以外惡劣環境的免疫基因，頗為相似；只不過後者的基因轉移是經由性交，因此僅在同種生物之間發生。

在此要提出一個重點，就是細菌從其他細菌偷取的是ＤＮＡ，而不是蛋白質。細菌偷取ＤＮＡ的行徑，是某種形式的智慧財產剽竊。當某個細菌演化出像是抗生素抗性這種創新特性，並傳給其他細菌時，誰會是受益者？發明這項創新的細菌以及偷取其備份的細菌當然都是，因為它們會存活得更好；但真正的受益者是賦予抗生素抗性的基因。由於不同的細菌之間經常交換基因，因此基因不會限制在原本出現的基因體當中；具有特定抗生素抗性的創新基因會在細菌間傳播，直到它提供了廣大數量的細菌物種對抗抗生素的能力為止。抗性基因以這種方式，得以在好些不同的基因社會中立足。

經由複製抗藥基因取得藥物抗性的例子，已在所多有，像盤尼西林與好些其他抗生素，對於許多危害人類的細菌已無作用。一旦有某個細菌物種找出逃避藥物作用的方法，許多其他物種的細菌就會複製其伎倆。抗生素的發現是人類自我防衛能力躍進的一大步；同時，這也只是動物與細菌之間漫長且複雜關係的一個插曲罷了。人類有科學做後盾，而病原菌的長處在於團結，可以互相交換基因。

在人類的腸道，細菌發現了幾乎理想的環境，來交換抗生素抗性的基因。我們的腸道是個無比豐富的社區環境，住了一百兆個來自數百個不同物種的細菌。這些細菌通常形成生物膜，那是由緊密連結的不同細菌細胞所形成的薄膜。這種細胞間的緊密接觸，大幅增加了DNA轉移的機會。已發展國家中九十%的人腸道中都帶有抗生素抗性細菌；這些腸道居民充當了抗生素抗性基因的儲藏庫，可以轉移給其他路過的細菌。

在細菌之間跳來跳去的基因，當然不僅限於提供抗生素抗性的那些。一般來說，在細菌的基因社會之間移轉的基因，參與了細菌與環境的互動。這些基因通常攜帶了轉運子（transportor）或酵素（用來分解營養物質）的編碼，其中有演化之功作為其介面：一旦環境中出現了某種先前沒見過的食物源，細菌首先需要能將食物帶入自身細胞內的轉運子，然後是能夠消化該食物的酵素。如果說鄰近的其他細菌已經有了相關轉運子及酵素的基因編碼，那麼剽竊其智慧財產是顯而易見的解決之道。我們檢視人類腸道中大腸桿菌的基因體，會發現超過三分之一的營養物質轉運子，都是在過去一億年間，從其他細菌複製得來。

基因的智慧財產剽竊，稱之為基因水平轉移（horizontal gene transfer），可以看成是比複製基因社會中的基因更有效率的複製系統。如果同一個基因在兩個有親緣關係的細菌身上，而這兩個細菌必須適應不同的環境，那麼這兩個基因備份將朝不同的方向演化。如果再出現個基因水平轉移將這兩個備份重新放進同一個基因體，其結果就類似將已經多樣化的基因進行基因複製。從這層意義來看，基因的水平轉移可視為基因在整個細菌生態系統的尺度下進行了複製。

人類的基因只會與人類自身基因社會的成員打交道，但原則上，細菌的基因社會可是能從所有細菌共享的通用基因池中選取新的基因。即便如此，細菌也不大可能從生活在非常不同的環境中碰上同志；它們更有可能在它們自己環境以及與自身差異不大的物種中，找著有利的基因。

這種基因的智慧財產剽竊，有點類似以色列莫夏夫中某個不斷增大的家庭情況：家中的孩子們隨身帶著技術四散到其他的莫夏夫。從接收方的莫夏夫社會而言，這種移轉顯然是有好處的，可讓它們有新的成長管道，而且是之前遙不可及的。

複製以及智慧財產剽竊，是在基因社會中納入新基因的主要機制。在大多數情況，這種改變是漸進式的，但在少數案例，其效果可能相當驚人。當整個基因體遭到了複製，也就開啟了整批的新功能管道。下一章中我們將看到，整個基因體的智慧財產遭到剽竊的例子雖然罕見，卻可能發生，其結果則更為宏大。

第九章

活在陰影當中的秘密生命

「團結就是力量。」

——伊索（*Aesop*）

讀者可以想一想，有哪些事是自己在行的，並問問自己為什麼會這樣？

你可能會認為自己知道問題的答案，但也有可能你想錯了，這就是發生在博德曼（Jim Bodman）身上的事；博德曼是美國芝加哥維也納香腸公司的老闆，他在無線電台節目「這種美國生活」中講了下面這段故事。一直以來，博德曼都認為自己知道怎麼做出好的香腸；再怎麼說，他公司出品的香腸十分受歡迎。他擁有詳細的食譜，包括香料、烤爐、水，以及溫度等所有細節。但當他於一九七〇年把公司搬到芝加哥北邊全新、且設備先進的地點時，才發現其實他並不曉得。在新地方製作出來的香腸，風味完全不同，甚至顏色也不對。在經過長達一年檢查過所有他們可能想到的理由後，博德曼的團隊仍然找不出原因。

在舊廠時，有個叫厄文的工人，深受大夥喜愛，但厄文選擇不隨公司搬遷到新地點。厄文先前的工作是把生香腸從冷凍庫移到煙燻房。舊廠房並不是為了製作香腸的目的而興建的，而是隨便蓋起來的；因此，厄文在拿了生香腸後，要花三十分鐘七拐八彎地穿過許多走道，並通過製作鹹牛肉的區域，才來到煙燻房。這趟旅程對於送達煙燻房的生香腸來說，產生了意料之外的回溫作用；在新廠房，香腸從冷凍室拿到煙燻器只需幾秒鐘時間。

結果是：厄文的運送之路成了香腸的秘密成分！一旦博德曼及其團隊體認到了這一點，他們就蓋了一間房專門用來模擬厄文走過的路程，由此製作出來的香腸又恢復了原來的風味。在舊廠房的這麼多年來，博德曼以為自己知道他的維也納香腸公司製作出絕佳香腸的原因，只不過有個秘密成分，卻一直隱藏在暗處。

在這整本書中，我們不斷告訴讀者的是，我們的基因體如何控制了我們的身體，以及從疾病到性的種種生活內容。但正如博德曼的香腸工廠，我們的細胞裡還有個祕密成分，是單從觀察人類的四十六條染色體無法解釋的。我們的故事要從兩種截然不同的細胞生活方式談起：群體或是獨自生活。我們腸道裡的細菌每個都是以單細胞度過一生：它們屬於共同社會的一份子，會與鄰居合作或口角，但它們的命運卻不一定相連在一起。反之，人體細胞都屬於一個巨型公司，所有細胞都完全彼此依賴；只有細胞的總和才成就了一個人。

在動物身上，合作組成群體的細胞數以兆計，每個細胞都是生物體分工計畫中的一部分。這種合作組成的變異性，可是奇大無比，我們只要想想海綿、水母、蝸牛、蠕蟲、蒼蠅、海星，以及青蛙這些動物，就可略知一二。此外，植物、真菌、許多藻類，以及黏菌，也都是由細胞群聚組成。至於細菌的種類雖然很多，甚至還有許多沒被發現，但它們當中就沒有哪個能聯合起來，建立像動物或植物那樣龐大且複雜的生命體。它們為什麼不那麼做？是什麼阻止了它們這麼做？

一個理由是細胞大小：多細胞生物之所以較大，不只是因為他們由更多細胞組成，同時還因為他們的每個細胞都比細菌更大；這還不只是大一點點，我們的細胞大小約是大腸桿菌的一千倍大。人體細胞較大的理由，是每個細胞都需要包含所有建立及控制複雜人體所需的指令（圖9.1）。每個細胞都需要裝進更大的基因體：人類基因體的大小約是細菌的一千倍。許多細胞的特殊功能也需要更大的細胞體積，例如我們的腦需要特殊形狀與大小的細胞才能運作，這是細菌般大小的細胞不可能辦到的事。這點同樣也適用於我們的肌肉、血液，以及免疫系統：其中細胞的大小及其功能，都息息相關。

結果發現，細菌並不能夠生成足夠的

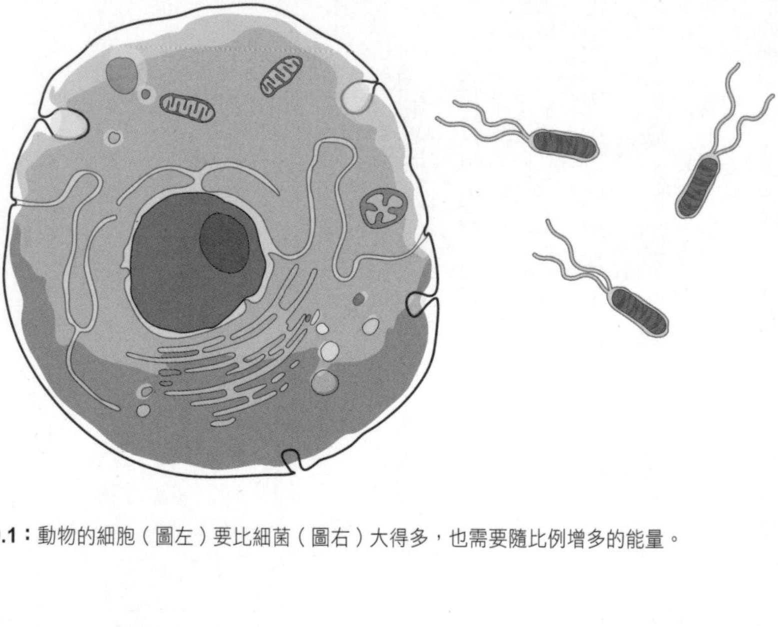

圖 9.1：動物的細胞（圖左）要比細菌（圖右）大得多，也需要隨比例增多的能量。

能量，以維持更大的細胞。在我們複雜細胞的陰影當中，藏了某些東西，可以解釋比細胞大小還多的事。我們說人類基因體有四十六條染色體，其實我們說了謊。我們說演化是由基因體突變所推動的過程，那也不完全正確。事實上，真相比那還有趣些；在這些奧秘的核心，是在很久很久以前，發生了事業的合併。

王國的誕生

想要瞭解是什麼造成了人類複雜性的演化，我們必須回溯至演化時間的深處。根據達爾文的想法，所有從人類到細菌的生命，都屬於一個生命樹的大家庭。以一棵樹的形式來代表演化，是達爾文傑出著作《物種原始》當中的唯一插圖，或許代表著他想傳達這個想法的動機有多麼強烈（圖9.2）。達爾文寫道：「隨著新芽生長，發出更多新芽，布滿許多細枝四周的分支上，我相信巨大的生命之樹也是以此方式生成，以老舊殘枝填充地殼，以其不斷分支形成的美麗枝椏布滿地球表面。」

自達爾文的書於一八五九年發表後，利用樹的形式來揭露地球生命歷史敘述的可能性，就吸引了科學家的想像。從十九到整個二十世紀，生命之樹經過許多重大的修正，不論是淺層還是深層的分支，目前都還不斷地有所更新。

一九二五年，法國巴黎巴斯德研究院的一位研究員夏托（Edouard Chatton）發現有兩種細胞：一種是有核的，就是細胞當中裝了細胞基因體

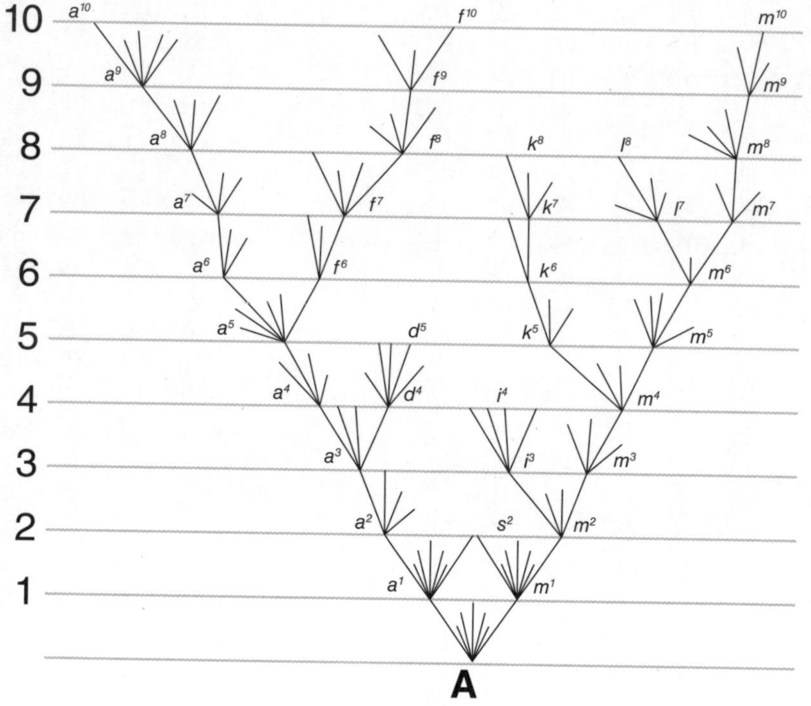

圖 9.2：這個種系樹是達爾文《物種原始》書中唯一插圖的部分。「A」代表某個古老的物種；每條平行線代表經過了一萬代的時間。該物種在每個時間點都可能生出新的變種，但其中大多數不會存活下來。圖的頂端是目前存在的變種，它們終究會形成獨立的物種。

的特殊房間，另一種則是無核的。由前一種細胞所組成的生物，稱為真核生物（eukaryote）。所有的多細胞生物，包括動物、植物與真菌在內，都屬於真核生物。細菌的細胞缺少核，它們的基因體就直接懸浮在細胞內部。由於這些細胞被認為是較原始的生命形式，因此命名為原核生物（prokaryote）。

具有核這個特殊的ＤＮＡ區間，是否就是分隔細菌與多細胞生物的深層演化證據，夏托並無法證實；因為那也有可能是由來自不同親緣關係的細胞，多次演化或失去了核這個細胞區間所造成。因此，想要瞭解生命的深層關係，尋找支持或反駁原核生物（細菌）與真核（多細胞）生物之間的主要的區分，就成了當務之急。科學家需要證明的，是真核生物彼此之間要比與原核生物更接近，反之亦然。

問題是，要如何建立包含像人與細菌這兩種天差地別生物在內的系譜關係呢？在達爾文的書發表後的一百年內，演化樹是根據物種外在可見的特徵建立的；例如我們想要建立鳥類的演化樹，可以檢視鳥的身長、形狀，以及鳥喙的顏色等。科學界對於要如何解釋身體特徵的改變，以及接下來物種之間的真正相關性如何，爭論不休。沒有客觀的標準，這種爭論是難以解決的，但隨著科學家對ＤＮＡ定序能力的增進，這項挑戰就徹底遭到了改變。

在第四章，我們為一個人類家族建立了基因體家族樹，從最近的祖先（例如曾祖父母）開始一路到最近的一代。使用同樣的方法，我們也能建立從細菌到人、涵蓋所有生命的演化樹。要比較物種如此分歧的基因體，方法是檢視那些從生命現身之初就存在、而且目前仍然存在於所有基因社會當中的一些基因。在這些普遍存在的基因中，計算任何兩個字母序列出現的突變數目，就可以得出這兩個序列在擁有最後的共同祖先至今，大概經過了多少時間。

在經過數百萬甚至數兆年的時間內逐漸累積的基因變化數目，代表任何兩個物種的DNA越近似，它們的關係也越近。對某些DNA的年齡估算方法，還有化石可以作為進一步的證據。為了交叉比對它們之間的關係，放射性紀年可用來估算化石的年齡；一般來說，這些方法得出的結果相當一致。

使用這些估算值，某個存在於所有我們感興趣物種當中、代表性基因的完整演化樹，就有可能重新建立。這種共通性基因的一個例子，是某個負責製造16S核糖體RNA分子的基因，那是核糖體的必要組成；核糖體是細胞裡把胺基酸連接起來成為蛋白質的分子裝置。每個細胞生物都有這個基因，不論是人、細菌，還是植物。這個基因可用來建立整個生命樹，這份能耐，可是依賴比較生物外在表徵的做法，所難以想像的。

一九七〇年代末期，沃希（Carl Woese）和福克斯（George Fox）使用了這個方法建立了第一個詳細的演化樹。他們的結果讓人吃驚不已：除了夏托所推測的真核（包括多細胞生物）與原核（細菌）兩群生物外，還有第三種！其中有群細菌，包括大腸桿菌這個老朋友在內，明顯與真核生物不同；但讓人驚訝的是，沃希和福克斯在真核生物的分支當中，還發現了另一群細菌。這兩群細菌屬於不同的生物，其差異就如同我們與細菌之間的差別一樣。這群看來與真核生物關係更密切的細菌，被命名為古細菌（archaebacteria），另一群細菌則稱為真細菌（eubacteria，意謂真正的細菌）。就單純地比較DNA的字母序列，沃希和福克斯發現了一整個新的生命領域。

那什麼是古細菌呢？在沃希和福克斯的發現之前，這些細胞在根本上與其他細菌並沒有什麼不同。但在仔細檢視古細菌的基因體後發現，雖然古細菌的大小與真細菌類似，但它們的基因裡有許多都大不相同。一個驚人的不同點，是古細菌與真細菌製造細胞壁的方式不同。這些類型細菌中的每一種都有自己的一組基因，用來建立它們各自的細胞壁。

古細菌生活在極端環境，它們以地球上一些最嚴峻的所在為家，好比接近水沸點的熱湧泉、鹼性與酸性的水、乳牛的消化道，以及海洋的底部。還有一些古細菌甚至以汽油維生。

在沃希和福克斯的生命樹中，真核生物是從古細菌這一家族分支出去的（圖9.3）；也就是說，似乎從古細菌家族分出去一個新的家

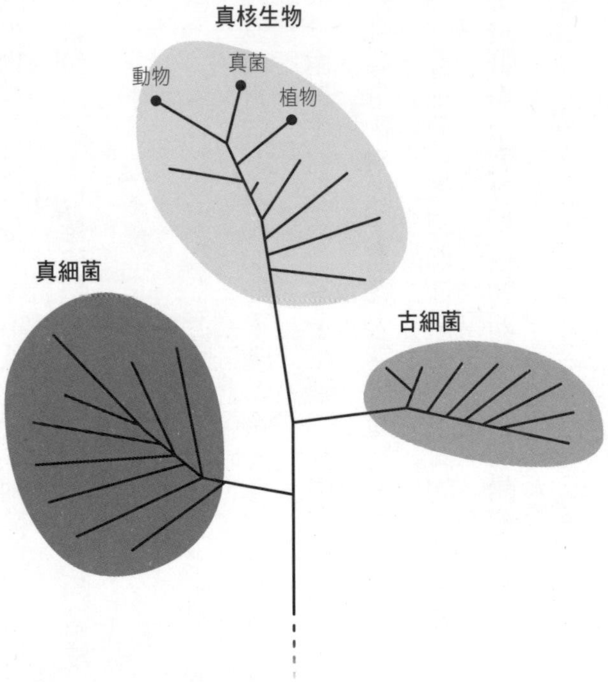

圖 9.3： 由沃斯及福克斯根據 16S RNA 基因所建立的生命樹。其中時間最久遠的一次分離，出現在真細菌與古細菌／真核細菌之間。

族，逐漸發育出一些特殊性狀，例如細胞中帶有核及其他不同區間，還有好些其他的特徵。

事情真的是這樣發生的嗎？沃希和福克斯的分析根據的是單一個基因，如果說他們一開始用的是另一個廣泛分布的基因，例如幫忙分解酒精的基因，結果又將如何？該基因的人類版本則與真細菌的較為接近，與古細菌的則較遠。根據這個基因建立的生命樹，將顯示人類及其他真核生物是從真細菌演化出來，而不是從古細菌。

那麼，這兩個生命樹哪一個是正確的？有很好的證據顯示，兩種都正確，因此造成了一個極為有趣的情況。每個生命樹都正確地描述了某個基因的演化歷史，但兩者都不代表整個基因社會的演化史。在第八章討論基因在細菌之間的平行轉移時，我們解釋了個別的基因並不一定就代表了整個社會的演化歷史。反之，它們可能是基因社會的新近移民，隨身帶著自己的演化歷史。個別基因樹之間的差異，可能只是反映了一個事實：個別基因可能捕捉不到整個基因社會的歷史。

接著，還有更讓人驚訝的事被發現了。

打不過別人，就加入他們吧

想要瞭解為什麼當初沃希和福克斯繪製生命樹時，如果用的是代謝酒精的基因，而不是 16S RNA 的，會有那麼大的不同，我們得退一步來看。細胞長到像人類的細胞那麼大，是要付出代價的。細胞是個擁擠的所在，裡面充斥著分子機械、它們的附件、原料，以及產品；細胞越大，包含的東西就越多。細胞需要能量才能運作；不同大小的細胞對於能量的需求，與其體積是成正比的。

這些能量從何而來？每個細菌的外圍，是由蛋白質與糖分子鏈交叉連結形成的一層細胞壁包圍；該細胞壁與細胞內部之間還有一層膜隔開。為了生成細胞使用的能量貨幣（一種滿載能量、稱為 ATP 的分子），細菌利用燃燒醣類或捕捉日光，將質子（氫原子的核）從細胞內唧出，進入細胞的外壁與細胞膜之間的空隙。當帶正電的質子在該處累積，同性電產生互斥，又會把它們推回細胞內；因此，細胞膜與細胞壁當中的空間，扮演了推動磨坊的水塘功能。質子的回流，受到細胞膜上的特殊蛋白所控制，作用一如磨坊的水車，利用質子回流取得的能量給 ATP 分子充電。

由於真細菌與古細菌擁有的膜，就是它們的細胞膜，因此細菌能生成的最大能量，與其細胞膜的表面積成正比；這份能量足以提供細菌般大小的細胞所需。問題是，表面積的成長不如體積來的快：將細胞的直徑加倍，表面積會增加四倍，但體積會增加八倍。這一點只要把細胞想成正方體，就會更容易看清：將直徑（邊長）加倍，每個二維面的面積會變成 2×2 大，但三維的體積則增加為 2×2×2 大。因此之故，能量需求的增加遠比能量生成來得大。在超過一定大小後（遠比人類的細胞體積為小），真細菌與古細菌就無法支持自身的能量需求。

那麼，我們的祖先是如何解決這個看來無解的問題？為什麼人類能夠維持建構腦子所需的大細胞呢？限制細菌大小的原則，也適用人類的細胞：它們的能量供應必定要由比自身細胞膜面積還大的膜維持。隱藏在暗處的，就是這個失落的表面積，也就是多細胞生命當中的厄文。細菌與人的主要差別，是人類細胞並不使用它們自己的細胞膜來提供能量；反之，它們使用位於細胞內一種稱為粒線體的特殊構造的膜，來做這件事。粒線體是存在於所有真核生物細胞當中特殊區間（或稱「工作坊」）的構造之一；每個真核細胞都帶有許多這種粒線體，也就是我們細胞當中的發電廠。

人類細胞當中所有不同區間的建立與運作，都完全由四十六條染色體上的基因所決定，只有粒線體例外：每個粒線體都帶有它們自己的小基因體。粒線體的染色體與人類其他的染色體構造不同：它是圓形，一如大多數細菌的染色體。這種帶有部分自主性的細胞內構造是如何演化出來的呢？一九七〇年，生物學家馬古里斯（Lynn Margulis）提出了一個大膽的理論（圖 9.4）：粒線體曾是一種獨立的真細菌。在史上某個時刻，早期的某個真核生物將一個真細菌吞入細胞內；但它沒有將其消化，反而讓其存活，並在細胞內分裂增生。從那時起，這個宿主真核細胞以及真細菌產生的後代，就快樂地共同生活在一起。

一開始，沒有多少人相信馬古里斯的理論；但隨著越來越多的基因體序列被解開，支持的證據也多到讓人無法忽視的地步。最讓人信服的證據，是粒線體當中的基因體，與一群特定真細菌的基因體最為近似。在生命樹當中，粒線體基因與其他真核生物的基因並不相屬，而是與特定的一群真細菌相屬。

在馬古里斯的理論提出將近二十年後，馬丁（Bill Martin）和謬勒（Miklós Müller）提出了新的解釋。當時，大多數這個領域的專家都假定當初是某個真核生物將粒線體納入細胞內，雖然今日並沒有這種原始真核生物存在的蹤跡。馬丁和謬勒提出的新理論，是說最早納入粒線體的祖先細胞，必定是個古細菌，同時發生的時間大約在二十億年前。該古細菌發現了這個聰明的方法，來解決細胞擴增的問題：把小型的真細菌吞入，並收為己用，讓它們變成發電廠。

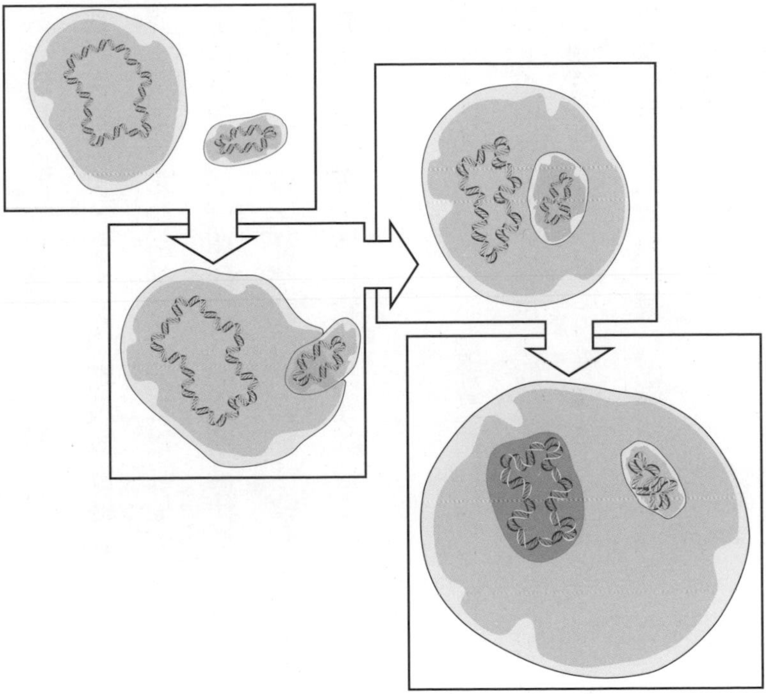

圖 9.4：在馬古里斯的理論當中，某個早期的真核細胞吞入了一個真細菌；前者並沒有將後者消化，而是讓後者變成了房客，繼續在細胞內生存並複製，最終演化成粒線體。後來，馬丁與謬勒提出當初的房東是古細菌；古細菌與真細菌的結合，則是真核生物的起源。

最早將真細菌吞入、但未予消化的古細菌，必定是出於意外，就好似發生了一個重大的突變。在演變成真正共生關係之前的起始階段，它們的關係可能更像寄生蟲與宿主：或許是較小的真細菌進入古細菌後，發現其中環境既舒適且養料豐富，同時還避開了嚴峻且危險的外在世界；又或許這兩種細菌之前就以其他方式合作過，如今則強化了這種合作關係。姑且不論這對伴侶一開始取得的好處是什麼，但它倆從此就共同存活下來，並學會如何以團隊方式受益。從那時起，真細菌會在古細菌當中增殖，提供充分的能量；古細菌則利用這份能源，使得它能夠在其他真細菌或古細菌無法生存的環境下立足。

本書自始至終都把基因當作天擇的單位，只不過那是過於簡化的說法，方便我們整理思路。人類的語言與思想必須把驚人多樣且複雜的世界，轉化成不到百萬個英文字以及數目有限的幾組觀念。更正確地說，演化的單位是任何符合天擇三要求的東西，也就是變異、遺傳性，以及生殖成就效應。就粒線體的起源而言，天擇的單位，是選擇以古細菌內部為家的一整批真細菌。

一旦某個細胞吞入另一個細胞，它們就同時擁有兩個完整的基因體。我們可以把古細菌看成房東，真細菌則是房客。在放棄獨立自主生活後，房客會逐漸失去它不再需要的基因。這些基因不時會出現突變，一如自然界當中的任何基因。雖說任何突變若是削弱了促進細胞成功的基因，那麼由於負選擇作用，將導致其房東的滅絕；但對於那些已無功能的基因來說，卻不會有任何事會阻止它們的退化，一如前一章提過、氣味偵測器（嗅覺受體）基因的衰敗。這些房客一度是完全獨立自主的生物，最終將失去離開房東生活的能力。房東細胞當中帶有這種房客的好些備份，當房東細胞分裂時，會把這些房客分散給子細胞。

然而房東與房客之間的不對等關係，只會持續下去。對細胞來說，如果房東死了，等於就宣告房客的生命也到了盡頭。如果是許多備份的房客中死了一個，那其他房客仍能照常運作。死去的房客會腐爛，其殘骸則被細胞裝置給消化。

在某些稀罕的例子，死去房客的基因體在瓦解時，有部分意外地貼入了房東的基因體；於是這段DNA就同時出現在房東與房客的基因體，雖說只要有一個備份就足以執行粒線體的功能。這段多餘的備份不可能維持太久，兩個備份當中的一個必定會出現意外突變，然後就自我毀滅。如果說是房東的備份出現了使其耗弱的突變，那麼當初的意外整合進入基因體事件，就像是沒發生過一樣；但如果說是房客的備份出現突變，那麼先前編碼在房客基因體的基因，就永遠被轉移至房東的基因體。經由這種方式，粒線體的基因體會與時逐步縮減，把越來越多的自身基因轉移給房東。

我們身上的粒線體每個都有自己的基因體，但由於上述過程，它們的基因體其小無比，只帶有三十七個基因，而細胞核裡則塞滿了兩萬個基因。這三十七個基因並不足以操作像粒線體這麼複雜的裝置，因為粒線體的功能就像是住在我們細胞當中的小細胞。每個粒線體要能運作，都需要超過六百個不同蛋白質的合作。大部分的粒線體基因都被轉移到我們細胞核內四十六條染色體當中的某一條，由這些基因製造的蛋白質，會從主細胞再送回粒線體。在某些真核生物的遠親身上，整個粒線體的基因體都被轉移到細胞的主基因體上了。

我們的細胞為什麼要有核呢？細胞核可能是粒線體房客到來後產生的結果。包圍住房東基因體的細胞核外壁，是為了不讓有毛病的房客基因體不斷地流入，減少粒線體DNA在主基因體當中的持續複製。一如詩人佛洛斯特（Robert Frost）所言，有好的柵欄才有好的鄰居。

在兩個細胞聯手成為房東與房客之前，它們可能是競爭者。合併對兩者都帶來莫大的好處，使得它們聯合以後生成的後代，能分支出去，形成今日我們在地球上見到驚人多樣的多細胞生物。但細胞不會因為已經有了一位合夥人就停止尋找更多的夥伴。如果把生意擴充到之前沒有觸及過的方向，可以給你的公司帶來好處，同時有另一家公司曉得怎麼做的話，那麼一種作法就是併購該家公司，與你的公司合併；這就是所有植物與藻類的祖先做過的事。某個早期的真核生物把某個藍綠菌吞入細胞內，後者會利用太陽能把二氧化碳轉變成醣類。直到今日，這項工作仍然是由這第二種的房客執行，也就是存在於植物與藻類當中的葉綠體（chloroplast）。

原核生物萬歲

有些生物學家把真細菌與古細菌同時歸入原核生物，成為一個群體的作法，視為禁忌。他們的意見是，這兩群細菌不但是關係甚遠的親戚，同時原核生物這個分類也不自然。他們的論點是，把它們混為一談，就好比是說把你的兄弟與表兄弟歸入親戚，但把你排除在外。沃斯與福克斯的生命樹顯示，古細菌與真核生物的關係，要比與真細菌的關係更近；因此，他們認為把古細菌與關係更遠的真細菌歸在一起，並不合理。

這個觀點有個關鍵性的缺失鏈結：生命世界最大的分界，出現在癒合細胞（包括你我在內的真核生物）與非癒合細胞（原核生物）之間。換句話說，生命世界包含以古細菌及真細菌兩種形式存在的原核生物這種正常的生命形式，以及兩者的奇怪混合體：真核生物（圖9.5）。為了要演化出各種奇特形式的動物、植物與真菌，我們的細胞就必須要有一點奇怪。我們需要一種特別的合作：與自己的古老對手攜手合作。古細菌與真細菌之間發展出的這種親密關係，是真核生物演化的決定性步驟，也是我們成功的秘密。

不論是在細胞世界還是政治界，想要增加複雜度都需要合作。一八六〇年，當林肯尋求總統提名時，他面對三個主要的對手。林肯能選上總統，全賴於他是每個人的第二順位選擇。當林肯在選擇內閣成員時，他把先前的對手都延請入閣，使得他的內閣成員都是當時最有資格的人選，因而建立了強大的內閣。歷史學家顧德溫（Doris

Kearns Goodwin）認為林肯的總統任期之所以成功，其中的秘密組成很可能是「對手團隊」之間的合作，一如我們真核生物的祖先取得成功的關鍵。

只不過躲在人類基因社會陰影當中的

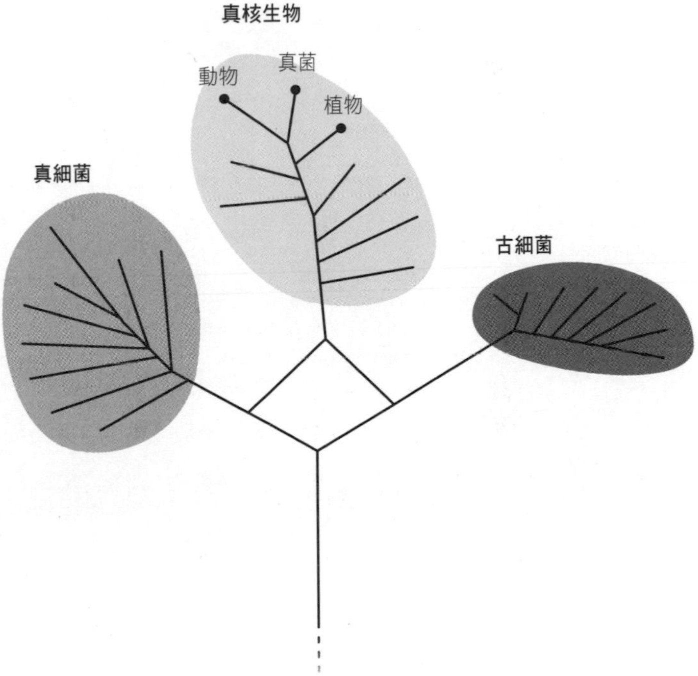

圖 9.5： 大約在二十億年前，由某個真細菌與某個古細菌的事業合併，形成了真核生物。[1]

1 審訂注：關於這項學說仍有相當多種討論，近幾年的研究已經不支持三域說 (Three-Domain Hypothesis)，多接受二域說 (Two-Domain Hypothesis) 或稱泉古菌假說 (Eocyte Hypothesis)。

存在，還不只粒線體一種；在接下來的最後一章，我們將揭露存活在人類基因社會中心的另一個陰暗世界；之所以如此，就只是因為它能夠這麼做。

第十章

生命無法勝過不勞而獲者

「只有死者才看得到戰爭的結束。」

——柏拉圖（Plato）

所有社會都有不勞而獲的人；讀者可還記得美國電視劇《歡樂單身派對》（*Seinfeld*）裡賽恩菲爾德（Jerry Seinfeld）的鄰居克拉瑪（Kramer）？他經常占賽恩菲爾德的便宜。其中有一集，賽恩菲爾德被割傷，流了許多血；為了救命，克拉瑪捐了血給賽恩菲爾德。一等到賽恩菲爾德在醫院中醒轉，克拉瑪就告訴他：「老兄，你身體裡可是流著我一千五百毫升的血！」但賽恩菲爾德可是一點也不高興：「我可以感覺到他的血在我的身體裡，正向我的血借東西……」

人類基因社會中一些最古老且合群的基因，來自我們真細菌的祖先，還有其他的一些則來自古細菌。每個基因都必須在建立或運作我們的身體（所謂基因的「存活機器」）上有所貢獻，才能佔有一席之地；這是本書從頭到目前為止所陳述的前提，只不過為社群貢獻一己之力，並不是基因存活的唯一策略。如果我們計算對社群的成功有所貢獻的所有基因所攜帶的DNA字母數，包括管理這些基因所必需的開關，最後的總數還不到人類基因體的三分之一。就算在兩萬個帶有蛋白質編碼的基因（也是這本書迄今著重的內容）之外，我們的計數還包括基因體裡其他據信對我們的生殖成就有所貢獻的部分，但仍有很大一部分的人類DNA並不參與維持社群的存活。如果說其他的部分並不參與人類的福祉或成功，那麼這個由超過四十億個字母組成的基因體大部分到底在做些什麼？它們又為什麼存活至今？

為了回答這些問題，我們且對基因體的大部分序列做更仔細的檢視。我們基因體裡有不下十五%與某特定序列的字母有所對應，並重複了五十萬個備份。想要對上述說法有所認識，我們可以想像自己走進紐約市立圖書館，發現其中一千兩百萬藏書當中，有一百八十萬本是完全相同的。那可是多麼大的空間浪費。人類基因體當中的五十萬個備份並不是完全一模一樣，有許多共享了超過九十九％的字母，其他的則表現出多一些的差異。

之前在討論DNA字母序列的相似性時，我們的解釋是它們擁有共同的祖先，就好比某人的髮色或鼻子形狀，可能代表了親緣關係，是一樣的道理。相同的說法也可以在此應用：這五十萬個備份之間相似性的最簡單解釋，就是擁有共同的祖先。的確，所有這些組成元素都能上溯它們的歷史，直到數百萬年前，來到人類某個靈長類祖先的基因社會的模板序列（圖10.1）。因此，我們基因體當中的備份組成了一個大家族，再分成許多小家族；每個備分都是由之前的備份複製生成。這與之前談過的基因複製非常相似，雖說實際的複製機制並不一樣。各個成員之間的變異，來自突變的累積：每個備份可能取得微小的改變，然後遺傳給之後更多的備份。

圖 10.1：LINE1 組成家族樹的示意圖。「樹葉」是目前存在於基因體當中 LINE1 備分；深灰色的點代表仍有功能的 LINE1 備份；每個分支點代表一次複製。樹幹代表第一個加入人類基因體的 LINE1 序列。

這些重複序列稱為LINE1（long interspersed elements type 1，第一型長散元件）。它們屬於基因，卻是奇特的一些。每個完整的LINE1有六千個字母長，其他還有許多縮短的備份，只保存了兩端的部分。LINE1的字母序列並不是隨機排列的；一個完整的LINE1序列控制了三個簡單功能，合起來就完成了一個有效率的程式。該程式涵蓋了三個工作：管理、RNA到DNA轉換器，以及DNA斷裂器。其管理部分並不帶有蛋白質編碼，而是一段模仿某個訊息的區域（啟動子），同時也出現在促進人類基因社會成功的有用基因前方的位置。這種啟動子訊息引發了DNA聚合酶這個複製機器，將LINE1複製成一條信使RNA。LINE1上頭的另外兩個功能區各帶有一個蛋白質的編碼；RNA到DNA轉換器的作用，好比一個向後跑的聚合酶，從一段RNA製造出DNA備份來。在有用的基因社會成員中，也有個機器在做同樣的事，那就是第一章提過的端粒酶，於染色體每次細胞分裂時重建縮短的兩端。另一個由LINE1編碼的蛋白質：DNA斷裂器，可將染色體上的雙螺旋鏈攔腰切斷。具有這種功能的蛋白質，同樣也能在有用的基因社會成員中發現，例如在準備生成精子與卵子時，負責將我們基因體的兩半進行混合的重組工作（第三章）。

由這三基因序列執行的程式，是以如下方式進行的：啟動子徵召了細胞的聚合酶，將LINE1的序列生成一個RNA備份；細胞裝置使用該RNA備份為模板，製造

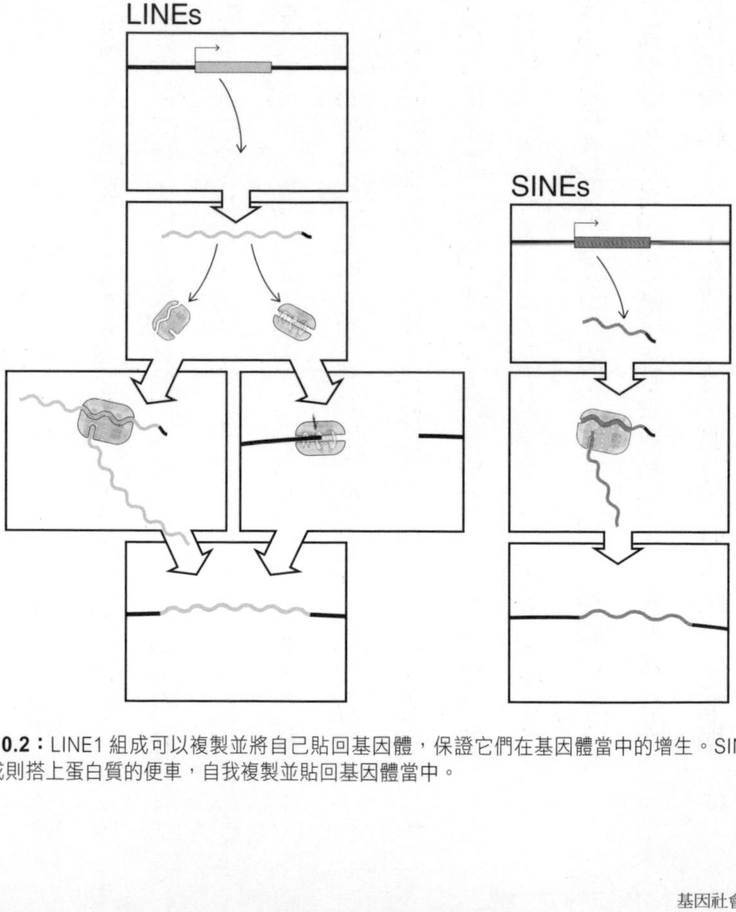

圖 10.2：LINE1 組成可以複製並將自己貼回基因體，保證它們在基因體當中的增生。SINEs 組成則搭上蛋白質的便車，自我複製並貼回基因體當中。

了兩個蛋白質。接著，新生成的 RNA 到 DNA 轉換器蛋白抓住了生成它自身的 RNA 分子，將其複製回 DNA。要能在細胞中數以百萬計的其他 RNA 中，辨認出 LINE1 生成的 RNA，該轉換器蛋白使用了一種條碼，也就是位於 LINE1 終端的特定字母序列。最後，DNA 斷裂器蛋白在基因體隨機切斷，並將新生成的 DNA 備份插入其中。

事實上，LINE1 組成還用上細胞內不知情的有用基因幫忙，將自身複製並貼上基因體當中的另一個位置；這些基因就稱作「自我複製／貼上者」（圖 10.2，左）。經由執行其簡單程式，LINE1 可在基因社會當中複製，直到它們的備份數目超過了其餘的社會成員，於是也解釋了今日人類基因體當中，出現數以十萬計 LINE1 備份的成因。

雖然 LINE1 對於基因社會的成功並沒有貢獻，但它們執行了一項功能，並保障了它們自身的存活。如果某基因社會只有一個 LINE1，同時該 LINE1 因突變而失去活性，那麼它也將走向終點。但如果同一個基因社會裡，有許多活化的 LINE1 備份，那麼它們就不大可能因為偶發的突變而遭除去。對每一個因突變而削弱功能的

LINE1 來說，會有好幾個新的 LINE1 經由複製／貼上的機制創造出來。只要 LINE1 複製的速率比突變消除的速率快，LINE1 家族就能存活並繼續奮鬥。從人類基因體當中帶有五十萬個 LINE1 的備份來看，其複製速率的確是非常地快速。

為什麼基因社會會容忍這種猖獗的複製呢？對基因社會來說，搭便車的 LINE1 會是個負擔，且不說它會將細胞內讀取 DNA 及製造蛋白質裝置的注意力，轉向滿足 LINE1 的自私目的，同時它還會佔去基因體的空間，那是需要維護以及在每次細胞分裂時需要複製的內容。在我們以及祖先的例子，這項負擔顯然還沒有大到讓基因社會其餘部分瓦解的地步，因此 LINE1 得以持續存活下來。如果說該負擔夠大，那麼基因體裡帶有許多 LINE1 的個體就不會留下太多子嗣，於是 LINE1 的數目也將減少。

所有的基因在一代又一代之間傳遞，它們對於自己建立的個別生物並不帶什麼感情；但正常基因的成功，有賴於它們的合作。我們先前談過，基因建立整個生物、並把它們推進下一代的唯一方式，就是經由合作，沒有哪個基因能獨立完成這項工作。資本主義社會也是以類似方式運作：在公平規則的範圍內尋求自利，每個人都幫忙將共同利益發揮到最大程度。正常基因只要有所貢獻，就能保證它在基因社會中存活；因為如果失去了，整個社會也將遭受損失。

雖然所有的基因都帶有自私的目的，希望自己能進入下一代，但 LINE1 是個特例：它們就是不勞而獲的搭便車者。它們的存活之道，不是讓自己變得有用，而是在基因體當中複製的速度快過被移除的速度。由於這項策略的成功，因此它們不需要為它們的存在找任何理由。由於它們的持續存活有所保證，它們也就不需要對自己寄身的個體有任何貢獻。

讀者當還記得我們的基因體裡只有三十%屬於有用的基因，剩下的七十%中，LINE1 占了不到四分之一。那麼基因體其餘的部分又是些什麼呢？其中一部分是由另一個稱為 Alu 的搭便車家族佔據：人類基因體裡帶有一百萬個該家族的備份，每個 Alu 的長度在一百到四百個字母之間。Alu 比 LINE1 數目更多，但長度較短，總共佔了基因體十%左右。那麼 Alu 是如何保證自身的存活？它們屬於一個稱為 SINE1（short interspersed elements，短散元件）的家族成員。Alu 與 LINE1 相似，但缺少部分的 LINE1 序列。這項差異提供了其生存策略的線索：雖然兩者關係密切，但 Alu

要比 LINE1 還要來得陰險。

一如 LINE1，每個 Alu 在其前端帶有啟動子，也就是帶有「讀我」的訊息，騙過聚合酶製造出 RNA 備份。此外，每個 Alu 也擁有與 LINE1 一模一樣的條碼序列。但它倆的相似性也到此為止。事實上，這兩個訊息就是 Alu 所有的一切，它並沒有攜帶任何蛋白質的編碼，沒有 RNA 到 DNA 轉換器，也沒有 DNA 斷裂器。既然這些都沒有，那 Alu 究竟是如何自我複製的呢？

還記得 LINE1 的 RNA 到 DNA 轉換器，使用條碼來辨識其自身的 RNA，同時所有的 Alu 都擁有一份相同的條碼，因此可以騙過 LINE1 的蛋白質裝置，把 Alu 的 RNA 誤以為是 LINE1 的 RNA，將其轉換成 DNA，於是可以插入由 LINE1 的 DNA 斷裂器所打開的位置。因此，Alu 不但可以搭基因社會中有用成員的便車，同時還占了 LINE1 的便宜！（圖 10.2，右）。從基因體裡帶有巨量 Alu 的結果來看，可以證明 Alu 使用的策略是成功的，讓搭便車的手法更上一層樓。

Alu 是怎麼演化出來的呢？一個可能是，有某個 LINE1 的組成當中意外地失去了蛋白質編碼的部分，但在完整無缺的親戚幫忙下卻設法活了下來。另外還有一個可能的場景：我們可以想像某個有用的基因有個備份，也就是說有個多餘的基因社會成員存在，其命運對社會不會造成影響。然後假定有某個 LINE1 的組成只有部分被複製回 DNA，同時該 LINE1 組成包含條碼的一端插入了上述有用基因的複本；該基因原本就包括吸引細胞裝置來讀取 DNA 的訊號，於是這個新基因就意外地變成了搭便車高手：它由細胞的聚合酶讀取，並複製為 DNA，再由 LINE1 的蛋白插入基因體。事實上，基因體裡的眾多 Alu 看來是經由後面這種方式生成，因為 Alu 的「讀我」訊號與其他基因的相似。

Alu 不是唯一會佔其他搭便車者便宜的基因。如果說某個社會成員找出擊敗系統的辦法，那其他成員就沒有理由不跟進。一如 Alu 搭了 LINE1 的便車，另一個搭便車家族的成員 MIR，則騙取了另一個 LINE 家族（LINE2）為其製作備份。所有的 SINE 與 LINE 家族總加起來，佔了人類基因體整整三分之一，其數目是有用基因的一萬倍之多。但人類基因體所承受的搭便車負擔還不僅於此，另外還有許多其他的搭便車家族，每個都利用了基因社會自肥，一代又一代都只搭便車，但對社會無所貢獻。

雖然人類基因體將近三分之二都由搭便車者所占去，但與其他物種相比，我們還算是幸運的：例如體積沒有多大的洋蔥，帶有將近三百億的字母，是人類基因體的五倍大，有些變形蟲的基因體則是人類的一百倍大。大多數那些多到可笑的DNA字母數目，都是由搭便車基因組成，一如人類基因體當中的SINEs與LINEs。生物能容忍多少搭便車基因，取決於其生活型態，那麼人類與洋蔥和變形蟲有什麼共同點呢？我們基因體當中累積的廢品，就只是顯示在我們大部分的演化歷史中，都生活在小群體當中；在這樣的環境下，自私自利的社會成員給背負它們的成員加一點負擔，它們才有更好的存活機會。在一定程度上，我們基因體的大小反映了人類直到幾千年以前，都生活在小群體當中。

LINE1的DNA斷裂器是以接近隨機的方式，將我們的染色體切斷，但LINE1和Alu的重複在人類整個基因體當中並不是平均分布的。例如基因體當中帶有大批*HOX*基因群的位置（*HOX*基因在第七章介紹過，負責在生物發育時建立身體的結構藍圖），幾乎就完全沒有這些搭便車基因。這是不是說搭便車基因曉得這些區域的重要性，如果干擾了這些區域，將造成它們賴以生存的個體死亡，因此刻意避開？不大可能。搭便車基因是盲目的騙子，對所有的區域都一視同仁，就好比造成單一字母改變的隨機突變一般。同時，一如其他突變的例子，負選擇也會加入作用。搭便車的基因備份有數以百萬次的機會插入某個*HOX*基因，只要有一次成功，就會造成基因體不再能建立出有用的生物。這種插入會造成完整基因體的大災難，連帶有希望的搭便車基因備份也一併走上末路。

聖馬可教堂的腹拱

難道說搭便車的DNA對社會就真的什麼用也沒有？難道說LINE1和Alu的微賤出身，就完全排除了它們偶爾接下一些新且有建設性的工作？我們只要想想，天擇能夠抓住任何碰巧對生殖成就有所助益的變異，那麼將幾百萬又幾百萬個搭便車者加入我們的基因體、卻從來不造成任何助益，似乎是不可能的事。的確，我們在越來越多的個別搭便車基因身上持續發現有用的功能；其中有的促進了基因的演化：由於有搭便車者的插入，基因得以擴充。在其他的例子，當基因受到讀取時，某個搭便車者可能發生改變，插入該基因的控制區，改變該基因的管理者用來開啟及關閉的分子開關。在罕見的例子中，這種改變增進了攜帶該基因個體的生殖成就，於是這個特定的搭便車基因本身就變成了基因社會中有用的成員之一。還有另一個例子：插入的搭便車基因組成中的「讀我」訊號，可能讓某個新基因吸引聚合酶裝置前來，因此而變得有用。

在此我們可以考慮一個完全不同的例子，好比企鵝的鰭狀肢；它們是由翅膀演化生成，不再用於飛翔。著名的演化生物學家古爾德會說鰭狀肢是擴展適應（exaptation）的產物，也就是說，它所源自的器官，是為了完全不同的目的而演化出來的。經由同樣的方式，意外取得新功能的搭便車基因，也是一種擴展適應的例子。它們原本的設計根據的是自我複製的策略；但當它意外地插入基因體的正確位置後，就擴展適應出另一種對攜帶它的生物體有所助益的作用。在此有必要體認一二的是，一開始該組成持續存在的唯一理由，就是搭便車。由於絕大多數的搭便車基因對寄主都沒有任何好處，因此對它們之所以持續存在的最佳解釋，就不會是因為它們執行了有用的功能，而單純是因為它們一直善於自我複製。一如《歡樂單身派對》中的克拉瑪，它們就是愛佔便宜的搭便車者，即便偶而做了點善事。這些搭便車者的持續整合進入基因社會，造成一連串的新變異；在這些大量的新變異當中，難免會有某個搭便車者意外出現有用的功能。

想要把某項功能歸給搭便車基因的想法，仍然出現在生物學家當中；其中顯示的更多是心理因素，而非生理的。我們會願意相信，人類的基因社會演化成有效率的組織，而不是如本章所描述的，是一堆無用且雜亂的廢物。任何好的科學論文都述說了一則吸引人的故事，針對 LINEs 與 SINEs 的論文都有如下共同的情節：我們認為所有的 LINE／SINE 都是搭便車的廢物，但我們發現這個或那個 LINE／SINE 備份擁有增進生殖成就的功能。這樣的說法顯然可以成為好故事，但要說所有的廢物基因都有功能，卻有誤導之嫌。

古爾德試著揭露的一個偏見，是說生物學當中的一切，都具有適應的價值。他認為有些生物構造的特性，本身並不具有任何目的；反之，那些特徵只是反映了某些特定的限制。古爾德使用建築上的一個主題來闡述這一點，也就是位於兩個圓拱之間，或一個圓拱與一個長方形區域之間的三角地帶（圖 10.3）。像義大利威尼斯的聖馬可

圖 10.3：腹拱，也就是位於兩個圓拱之間的三角形地帶，是由於建築結構造成的，但經常被擴展演化成為裝飾組件。

教堂，把這些腹拱以複雜的裝飾給覆蓋。當然啦，提供空間給這些裝飾並不是腹拱的原始功能，那只是由於結構限制造成的一項結果，經擴展演化成裝飾的目的。同樣地，人類基因社會中的搭便車者，是基因體當中經由天擇產生的現象；其中有些可能擴展演化出其他用途，但那並不能否認其原本的搭便車的身分。

生命最古老的敵人

SINEs與LINEs讓我們瞥見搭便車現象的普遍性。搭便車者利用基因社會的方式，可能讓我們想起第二章談過的病毒。病毒是古老的搭便車大師，在我們熟悉的細胞生活之外，形成了巨大且驚人複雜的陰暗世界。事實上，病毒世界是如此巨大，以至於地球上絕大多數的基因體都屬於病毒所有；病毒的基因體雖然不大，但與細胞的基因體相比，其數目卻是十比一之多。

病毒與LINEs和SINEs相似，會把我們細胞的裝置轉而用來製造病毒的備份。但有時病毒會選擇躲藏起來，等待適當的時間才發動攻擊。例如泡疹病毒會偽裝潛入我們的神經細胞，小心躲開我們免疫系統的偵查。與其馬上展開行動，病毒會進入「睡眠」期，蟄伏數月甚至數年之久。之後某個時候，該病毒可能察覺我們的免疫系統正忙於對抗流感病毒的入侵，於是醒轉，然後轉移到我們的皮膚，在那裡複製，生出水泡，並可能破裂，釋放出病毒備份。在與他人親密接觸時，微小的病毒就會跳槽至不知情的新家，重新展開其邪惡的週期。

某些類型的病毒感染，也是發生特定癌症的重要風險因子。大多數引起癌症的病毒，不是直接帶有能對抗人體防範癌症發生的八大防線的基因編碼（參見第一章），就是將病毒基因序列插入人類某個原致癌基因的控制區，改變其表現程度。以這種方式，病毒使得受感染的細胞朝癌症邁進一步。由於還有好幾個其他步驟必須完成，癌症才會發生，所以不是每位感染這些病毒的人都會演化出癌症來。例如，絕大多數攜帶人類乳突瘤病毒的人，只是偶而會出現性器官疣，而不會有嚴重的後果；但基本上，所有子宮頸癌的案例（這是女性罹患的第二常見癌症），都源自於該感染。當癌細胞分裂時，子細胞也遺傳了病毒的基因備份。特定病毒經由引發癌症、擴大其複製裝置的這種方式而受益。

病毒攻擊的不只是人類、其他動物，或細菌，還包括植物、真菌，以及單細胞生物在內；它們是所有生命形式的斂財者。在真細菌當中，休眠的病毒有時還採取了比泡疹病毒還邪惡的策略。它們在秘密進入細菌細胞內後，就把自己的DNA插入細菌的基因體。只要細菌分裂，其子細胞就會遺傳一份藏身於基因體當中一模一樣的病毒備份。只要細菌的日子過得夠好，它們的愉快複製對於休眠的病毒來說也帶來好處；但當有麻煩到來時，例如出現挨餓，休眠的病毒就會決定在宿主死亡之前逃離。於是，它們會從休眠中醒轉，並綁架細菌的細胞內裝置，轉變成形成新病毒的工廠，直到細菌油盡燈枯而亡，或是在這同一批病毒最終逃離時，將宿主細菌殺死。

病毒的種類變化多端，甚至比驚人多樣的細胞生命，還要來得更多。其中有個讓人感興趣的一點，是各種病毒基因體資料儲存系統的多樣性。所有的細胞生命都以是DNA雙螺旋鏈的形式儲存遺傳訊息；原則上，同樣的訊息也能儲存在單鏈的DNA、單鏈的RNA，或雙鏈的RNA上，只不過後面這些方式，不是動物、植物、真菌，或細菌所使用的。所有的細胞生命形式，只在細胞內某些特定功能中，短暫使用RNA作為信使；但是在病毒當中，所有不同的可能遺傳儲存系統都用上了。有些病毒使用了雙鏈的DNA，也有病毒使用了單鏈、無配對的DNA；此外，還有病毒使用了雙鏈與單鏈的RNA。再加上讀取單鏈DNA或RNA上頭基因的不同方法，總共有七種不同的系統。

病毒有上百萬種不同的形狀與大小，展現出細胞生命所未見的豐富性。讓人驚訝的是，所有的病毒當中，就沒有一個基因是相同的；這一點，又是與細胞生命大相逕庭的。在細胞的兄弟姊妹當中，約有五十個基因是共同的：那些基因負責編碼了解開DNA的裝置、讀取DNA的聚合酶、以及製造蛋白質的核糖體；這些都是所有細胞生命形式的基因社會成員。那為什麼病毒沒有類似的東西呢？例如，為什麼沒有負責病毒蛋白質外殼的通用病毒基因呢？不只是不同的病毒擁有不同的方式製造外殼，甚至還有些病毒連外殼基因都沒有；它們可是搭了搭便車者的便車，不只是人類細胞的寄生蟲，還是其病毒表親的寄生蟲。這些卑劣的病毒與其表親一起侵犯細胞，然後使用其表親製造蛋白質外殼的指令，來遂行其目的，一如Alu搭上LINE1的便車。病毒基因間缺乏一致性，可能源自它們搭便車的天性：它們能夠把每一種必要功能，都委託給被害者的基因去做。

大多數病毒基因體只帶有幾種基因，提供其宿主基因沒有編碼的功能；但也有巨型的病毒，其基因體有多達一百萬個字母的長度，上頭帶有超過一千個基因。這些病毒的複雜度與某些只能生存在宿主細胞內的搭便車細菌相似，同時它們使用的繁殖策略，也類似與其對應的細菌。但無論病毒是大還是小，與搭便車細菌相比，有個最大的不同點，就是它們只用基因體入侵細胞，而把外殼拋棄；反之，寄生細菌是把自己整個都移入宿主，它們的基因體也維持在自身的細胞壁內。

原則上，病毒的基因體甚至完全不需要帶有蛋白質的編碼；例子之一，是類病毒（viroid）。類病毒擁有與病毒非常相似的生活型態，但不把自己包裹在外殼膜內：類病毒是由 RNA 組成的自由懸浮式基因體。它們的基因體只有約三百個字母大小，同時完全不帶有任何蛋白質的編碼。反之，類病毒的基因體只帶有操縱其受害者細胞內裝置的指令，讓其製造直接以 RNA 形式傳遞的類病毒備份。讀者不必害怕類病毒，因為至今發現的類病毒只會感染植物。

據我們所知，所有的細胞生命，都來自於某個生活在生命出現伊始的基因社會共祖。這個場景的真實性，是約有五十個共通的基因，都存在於所有的細胞生命形式當中。這對病毒而言，又如何呢？它們是否能回溯至同樣的祖先病毒呢？同時，是哪個先出現的：病毒還是細胞？由於病毒得倚賴我們的蛋白質才能生存，因此很難想像一個只有病毒的世界。但有證據顯示，先出現的不是細胞；反之，細胞與其搭便車者的共同起源，可能從一開始就展開了一場如火如荼的史詩之戰。

給初學者的生物學

我們今日所知的生命形式是複雜的，但在生命剛開始出現時，必定是非常簡單，否則也就不大可能出現。在今日的細胞當中，DNA與RNA儲存資訊，蛋白質則執行細胞內大多數的分子功能。這些類型的分子是哪一種先演化出來的？是讓資訊得以遺傳的DNA，還是執行該資訊的蛋白質？這難道是先有雞還是先有蛋的古典問題？我們不知道這個問題的確切答案，但有好幾個彼此相對的想法，誰對誰錯還不知道；由於我們談論的是四十億年前某個未知所在發生的事，因此可能永遠無法完全確認。但想要對生命是如何演化出來的問題有所了解，我們且來看看目前的最佳猜測。

由於組成RNA的字母A與U（與DNA當中的字母T對應），以及字母G與C喜歡彼此結合，因此RNA的字母序列可以反轉自身；經由這些轉折，某個RNA分子可以形成由其字母序列決定的三維形狀，一如組成某個蛋白質的胺基酸序列，會自然而然地折疊出蛋白質的形狀。由RNA折疊出確切的形狀而定，最終形成的分子可以成為一個微型分子機器，好比可促進特定化學

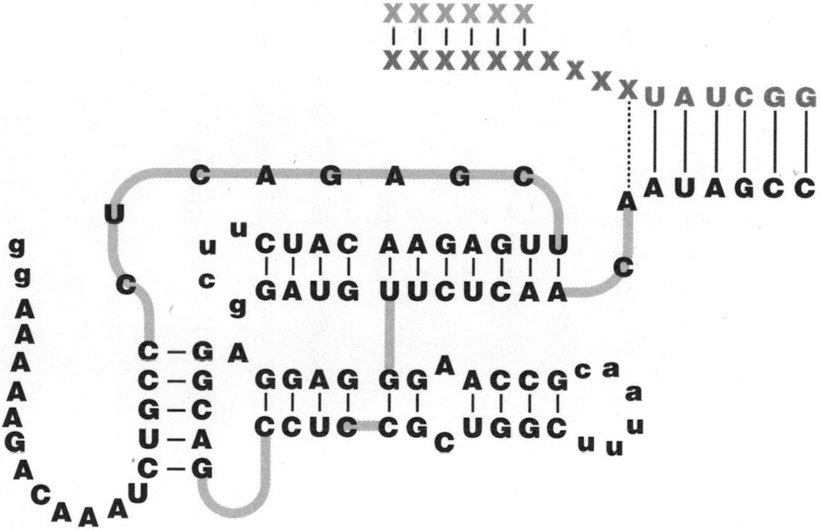

圖 10.4：某個具有複製 RNA 能力的 RNA 分子。圖中平行的水平與垂直線，代表 RNA 互補字母（A—U 與 C—G）之間的結合，造成了 RNA 分子的特定形狀。由灰色顯示的 RNA 字母，代表一段正在被複製的 RNA，「X」代表任意的字母。本圖改繪自沃納（Wochner）發表於 2011 年的科學論文。

反應的酵素。這意味的是，如今許多由蛋白質執行的工作，理論上也都可以由RNA分子來執行。在今日的生物體內，製造蛋白質的裝置中，有很大一部分還是由RNA組成，那就是核糖體。

因此，RNA在攜帶遺傳訊息的編碼之外，還可充當分子機器。至少在原則上，這雙重角色使得一條RNA能同時攜帶遺傳訊息，並催化自身的增殖（圖10.4）。所以，在一開始，攜帶遺傳資訊的分子與執行功能的分子，可能沒有清楚的劃分。在DNA、蛋白質，以及細胞壁的世界出現之前，可能有個完全由RNA組成的「生命」世界。

這種RNA複製器會在哪裡演化出來的呢？生命需要能源，所有可能用來維持生命的能量，最終都來自下列兩者之一：太陽光（由植物、藻類以及某些細菌經由光合作用來利用），或由地熱過程產生的化學能。光合作用需要一個複雜、專門的裝置，因此不可能用來支持最初的生命；但在海底熱泉噴出熾熱、富含化學物的液體，進入冷冽海水時發生的化學，就已經類似今日生物當中所見、主要代謝裡的重要組成了。

細胞能量的生成需要有一層膜，以及膜兩側有不同的質子濃度：這也就是植物與動物需要粒線體來支持它們豐富生活型態的理由；但在深海熱泉附近天然形成的質子濃度差異，也可能提供類似的效果。因此，在海床某些熱泉噴口附近的岩石小裂縫中，

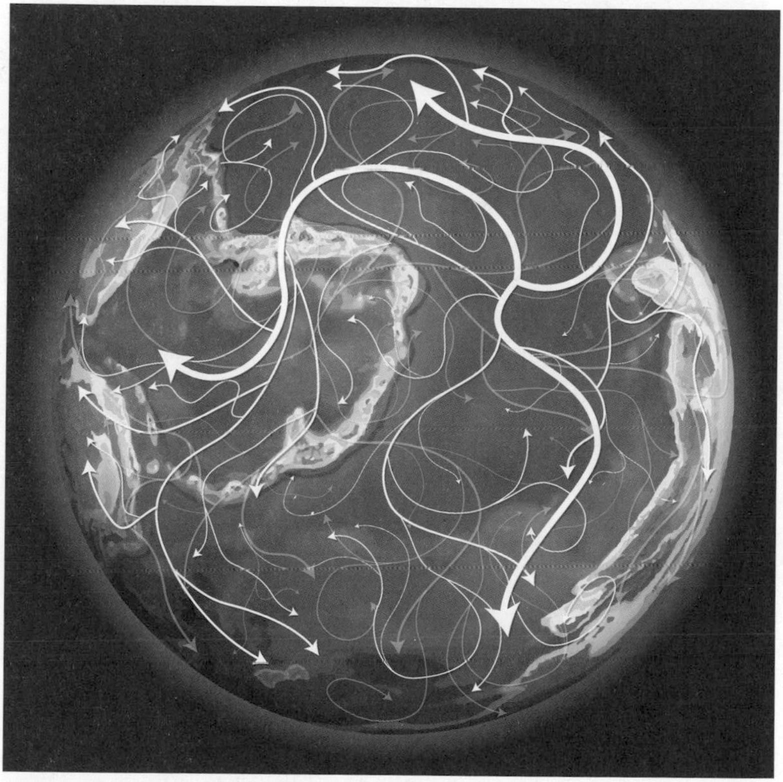

圖 10.5： 生命可能最早出現在某個深海熱泉的岩石小縫隙中，那很可能是由 RNA 分子的鬆散集合所組成的早期基因社會網絡。隨著細胞外壁的發明，生命得以不再侷限於岩石縫隙當中的家，而開始征服整個大洋，以及後來的整個陸地，並演化出今日我們周遭可見的無數生命形式。

生命有可能在那裡出現。我們可以想像一下，最早的RNA分子在那豐富的化學環境中自然而然地組合而成，形成早期、原始的基因社會。只要時間夠長，某個最早的RNA複製器就可能出現。一旦出現了，它就可能開始自我複製。

在這最早出現的基因社會當中，搭便車行為必定是特別猖獗。最早可以自我複製的RNA分子很有可能無法分辨自己與其他RNA的序列；因此，它們將不只是複製它們自己，同時還包括它們碰上的其他RNA。這些搭便車者就將是最早的類病毒，是後來病毒的前身。為了釋放這份負擔，複製器必須把搭便車者隔離在外。最早能把自己以一層膜包圍起來，又還能讓食物進入其內的複製器，對於其他還承受著搭便車者負擔的同類來說，可是有莫大的優勢。由此目的出現的細胞膜，還有個有趣的副作用，那就是使得這層膜的攜帶者，不再需要岩石縫隙把它們維持在一起。它形成了一個容器，可讓其內部的基因社會得以進入大海，以及大海以外的地方冒險。其餘的就是自然史了。

尾聲

由於這整本書就是一長篇論證，因此先把主要的事實與結論簡短總結一下，對讀者來說，可能是有用的。

——達爾文《物種原始》

達爾文把他的巨作《物種原始》說成是「一長篇論證」。他曉得他的宣稱「所有的生命都是由一共祖經由天擇演化而來」是不同流俗的，需要有無可置疑的證據，才會被人認真看待。因此，他把天擇的原理在書的一開始就呈現出來，然後才以地質學、化石、動物養殖、發育生物學，以及分類學的例子加以佐證。他小心安排這些例子，建構出無比清晰的演化圖案。正是他精心安排的論證，讓達爾文贏得了發現天擇原理的大部分功勞，雖說還有其他人，最主要的是與達爾文同時代的華萊士（Alfred Russell Wallace），也獨立得出類似的觀念。

承續長篇論證的傳統，本書也試著展示說明的力量，也就是把物種的遺傳組成視為基因的社會。我們把基因看成是天擇的標的，一如道金斯在「自私基因」的理論中的觀點。然而，我們的做法是把焦點轉移到基因之間的關係，看看它們在合作與競爭之下如何管理我們，也就是它們的存活機器。我們的基因在給像減數分裂或防禦系統一類的過程編碼時，形成同盟關係。它們建立起彼此交織的網絡聯繫，其中每一個都能參與多重過程。基因社會不可能停滯不變，即便它的演化經常靠的是無所不在的機會力量。這種持續的改變，導致了新社會的形成，也就是分出新種，前提是基因社會的一部分與母社會分離的時間夠長。但在稀罕的情況下，不同的社會也能夠融合，把複雜度提升到新的等級。當新的成員經由複製或從其他社會移入而引進時，改變也同時發生。在基因為了存活而使用的許多成功互動策略中，最具有增殖能力者之一就是搭便車。

在整本書中，我們強調基因社會當中成員的互動，影響了每個基因的成功，也就是基因社會的「經濟」觀點；但同時，我們也強調了歷史的觀點。生物是演化史的產物，或是按物理學家出身的生物學家培魯茲（Max Delber ü ck）的話：「任何一個細胞所代表的，更多是歷史而非實質事件……任何活著的細胞，都攜帶著其祖先在十億年間由實驗累積的經驗。」我們的長篇論證跨越了許多層次的歷史。我們先從某個生物體內正在進行的演化現代史開始（第一章與第二章），然後移向家族史（第三章），族群的「國族」歷史（第四章與第五章），新物種的形成（第六章與第七章），動物的形成（第八章），由第一個真核生物所標幟的歷史轉捩點（第九章），以及最後，生命的歷史起源（第十章）。在這場向回走的旅程，我們展示了把基因看成社會，對所有演化的時標來說，無論如何都是有用的架構。我們在穿越生命史的整個旅程中，細菌都作為一個參考點，伴隨著我們。

從這樣的歷史中，我們能學到什麼呢？在某個層面，我們是自己基因的產物；我們許多的身體特徵，包括腦部的結構，都是我們等位基因的產物。在這樣的前提下，身為有意識的生物，我們應該怎麼來看我們自己呢？我們的基因影響了我們的思想、我們的感覺，以及我們的衝動。如同我們先前所見，原則上單一個等位基因就足以讓任何生物產生偏見，對抗屬於同種生物的其他族群。我們的偏見之所以會被撩起，是為了幫助自己的自私等位基因，而不見得是為了我們這種有意識個體或人類整體的好處；能夠認識這點是有益處的，正如柯林頓憑直覺的感知，人與人之間的微小差異，與人與人之間的共同性相比，可是無足輕重。

我們不認為自己是受制於基因的存活機器，無靈魂可言。每當我們的決定受到自身基因的偏見影響時，我們就必須決定自己是要隨波逐流，還是要堅持立場。在基因社會存在歷史的大部分時間內，資源都是稀缺的，因此能讓我們把資源做最大利用、甚至犧牲他人的基因，會受到揀選，好比走在街上忽視流浪漢的衝動；但與其盲目地順從自己的這種衝動，我們可以有意識地決定，向流浪漢打聲招呼、或甚至分點零錢給他。

基因社會影響我們的判斷與選擇，遠超過本書所談到的少數幾種基本過程。下決定時的偏見也寫在我們的基因當中，就好比我們會根據極其有限的資訊就做出過分自信推斷的「光環效應」。如同康納曼（Daniel Kahneman）在他的《快思慢想》（*Thinking, Fast and Slow*）一書中所言，如果我們能意識到這種偏見，並對思考過程做出相應的調整，就能大幅增進我們的決策。若想要發揮有意識生物的全部潛力，我們不但要認清在決策理論中檢視過的偏見，還要包括人類基因社會在百萬年的歷史中演化出來的所有其他偏見。在某些領域，順著我們的偏見走，對我們是有好處的，例如我們的基因決定了我們偏好某些富含營養的食物。還有其他時刻，我們可以有意識地對抗自己的偏見，好比當我們致力於對抗種族歧視時。

我們生活在有趣的時代。幾百萬年以來，我們的祖先都與基因社會合作無間；很顯然的，所有其他地球生物到目前為止都還是這樣。但我們已經開始部分超越我們的遺傳基因，逐漸擴大我們的保護圈，從自己的家、到村落、到國家，再到整個人類，甚至還超越人類自身，好比當我們想到動物權時。

借用並改寫一段老聖歌的歌詞：是基因社會帶著我們走了這麼遠的路，但現在必須是用人性來帶我們回家。

誌謝

很久以前，藍賽（Doron Lancet）建議我們說，在魏茲曼科學院（Weizmann Institute of Science）教一門課有助於撰寫這本書；十年後（我們都有自己的事業要照顧），我們同時在以色列理工學院（Israel Institute of Technology）以及德國杜塞道夫的海因里希海涅大學（Heinrich Heine University）上了這門課的創新版本。我們誠摯地感謝許多學生給予我們的熱情及回饋。

我們要感謝了不起的經紀人布洛克曼（Max Brockman），耐心地引導我們這兩位新手作家，走過這本書的出版之旅。

我們對於基因以及它們之間互動的認識，來自多年來與同事之間給我們帶來啟發的討論。我們特別要提柏克（Peer Bork）、丹欽（Antoine Danchin）、德利希（Charles

DeLisi）、霍爾（Brain Hall）、哈希姆雄尼（Tamar Hashimshony）、杭特（Craig Hunter）、赫斯特（Laurence Hurst）、克許納（Marc Kirschner）、基雄尼（Roy Kishony）、庫寧（Eugene Koonin）、藍塞（Doron Lancet）、藍德（Eric Lander）、列維特（Michael Levitt）、馬汀（Bill Martin）、米樓（Ron Milo）、派爾（Csaba Pál）、派普（Balázs Papp）、佩許金（Leon Peshkin）、匹爾佩爾（Yitzhak Pilpel）、珀德比列維茲（Benjamin Podbilewicz）、雷格夫（Aviv Regev）、塞格雷（Daniel Segrè），與翁志萍（Zhiping Weng）。

我們要感謝艾維托（Gal Avital）、葛利許克維奇（Vlad Grishkevich）、基冷・柳井（Michal Gilon-Yanai）、哈特曼（Klaus Hartmann）、基森曼（Grün Kissenmann）、尼珀拉斯（Nina Knipprath）、毛利諾（Veronica Maurino）、莫雪（Asher Moshe）、波爾斯基（Avital Polsky）、雷恩（Joseph Ryan）、羅德里格斯（Antonio Rodriguez）、史畢格爾曼（Ori Spiegelman）、華格納（Florian Wagner）、萬姆巴赫（Achim Wambach）、溫特勞伯（Pamela Weintraub）、柳井（Moshe Yanai），以及許多閱讀並評論本書先前版本的朋友，並指出改進《基因社會》這本書的地方。

我們還感謝哈特曼一家（Bettina, Klaus, and Bruno Hartmann），提供了最美麗安靜的所在，讓我們專心寫作。我們也感謝哈佛大學雷德克里夫高等研究院（Radcliffe Institute for Advanced Study）提供完美的環境，讓我們進行本書的修訂工作。

史提芬李（Steven Lee）給本書製作了精美的插圖，對我們一再的要求修改，展現無比的耐心。我們也感謝哈希姆雄尼提供某些插圖的早期版本。

對於本書最後幾版的修訂，米勒（Susan Jean Miller）居功厥偉。同時我們也感謝哈佛大學出版社的編輯費雪（Michael Fisher）、勒邊（Thomas LeBien），與艾斯戴爾（Lauren Esdaile）的支持。

最重要的，我們要感謝愛我們的家人，在整個寫作的過程中，給予我們持續不斷的支持。

延伸書目

第一章

Buffenstein, R. 2008. Negligible senescence in the longest living rodent, the naked mole- rat: Insights from a successfully aging species. *Journalof Comparative Physiology* B 178:439–445.

Coyne, J. A. 2009. *Why evolution is true*. New York: Viking.

Darwin, C. 1897. *The origin of species by means of natural selection, or the preservation of favoured races in the struggle for life*. London: J. Murray.

Dawkins, R. 1996. *The blind watchmaker: Why the evidence of evolution reveals a universe without design*. New York: Norton.

Dennett, D. C. 1995. *Darwin's dangerous idea: Evolution and the meaningsof life*. New York: Simon & Schuster.

Hanahan, D., and R. A. Weinberg. 2011. Hallmarks of cancer: The next generation. *Cell* 144:646–674.

Krebs, J. E., B. Lewin, S. T. Kilpatrick, and E. S. Goldstein. 2014. *Lewin's genes XI*. Burlington, MA: Jones & Bartlett Learning.

Lander, E. S., L. M. Linton, B. Birren, C. Nusbaum, M. C. Zody, J. Baldwin, K. Devon, K. Dewar, M. Doyle, W. FitzHugh, et al. 2001. Initial sequencing and analysis of the human genome. *Nature*

409:860–921.
Lynch, M. 2007. *The origins of genome architecture. Sunderland*, MA:Sinauer Associates.
Tabin, C. J., S. M. Bradley, C. I. Bargmann, R. A. Weinberg, A. G. Papageorge, E. M. Scolnick, R. Dhar, D. R. Lowy, and E. H. Chang. 1982. Mechanism of activation of a human oncogene. *Nature* 300:143–149.
Venter, J. C., M. D. Adams, E. W. Myers, P. W. Li, R. J. Mural, G. G. Sutton, H. O. Smith, M. Yandell, C. A. Evans, R. A. Holt, et al. 2001. The sequence of the human genome. *Science* 291:1304–1351.
Watson, J. D. 2008. *Molecular biology of the gene. San Francisco*: Pearson.
Weinberg, R. A. 1998. *One renegade cell*: How cancer begins. New York:Basic Books.
——. 2007. *The biology of cancer*. New York: Garland Science.
Wolchok, J. D. 2014. New drugs free the immune system to fi ght cancer. *Scientific American* 310, no. 5. http:// www . scientifi camerican . com / article/ new - drugs - free - the - immune - system - to - fi ght-cancer / .

第二章

Barrangou, R., C. Fremaux, H. Deveau, M. Richards, P. Boyaval, S. Moineau, D. A. Romero, and P. Horvath. 2007. CRISPR provides acquired re sis tance against viruses in prokaryotes. *Science* 315:1709–1712.
Bartick, M., and A. Reinhold. 2010. The burden of suboptimal breastfeeding in the United States: A pediatric cost analysis. *Pediatrics* 125:e1048–1056.

Freeland, S. J., R. D. Knight, L. F. Landweber, and L. D. Hurst. 2000. Early fixation of an optimal ge ne tic code. *Molecular Biology and Evolution* 17:511–518.

Goldsby, R. A., T. K. Kindt, B.A. Osborne, and J. Kuby. 2003. *Immunology*. 5th ed. New York: W. H. Freeman and Company.

Iranzo, J., A. E. Lobkovsky, Y. I. Wolf, and E. V. Koonin. 2013. Evolutionary dynamics of the prokaryotic adaptive immunity system CRISPR- Cas in an explicit ecological context. *Journal of Bacteriology* 195:3834–3844.

Janeway, C. A., P. Travers, M. Walport, and M. Shlomchik. 2001. *Immuno biology*. 6th ed. New York: Garland Publishing.

Jones, S. 2000. *Darwin's ghost: The origin of species updated*. New York: Random House.

Judson, H. F. 1996. *The eighth day of creation: Makers of the revolution in biology*. Plainview, NY: CSHL Press.

Levy, A., M. G. Goren, I. Yosef, O. Auster, M. Manor, G. Amitai, R. Edgar, U. Qimron, and R. Sorek. 2015. CRISPR adaptation biases explain preference for acquisition of foreign DNA. *Nature* 520:505–510.

Makarova, K. S., Y. I. Wolf, and E. V. Koonin. 2013. Comparative genomics of defense systems in archaea and bacteria. *Nucleic Acids Research* 41: 4360–4377.

Mezrich, B. 2004. *Bringing down the house: How six students took Vegas for millons*. London: Arrow.

Rechavi, O., L. Houri- Ze'evi, S. Anava, W. S. Goh, S. Y. Kerk, G. J. Hannon, and O. Hobert. 2014. Starvation- induced transgenerational inheritance of small RNAs in C. elegans. *Cell* 158:277–287.

Sander, J. D., and J. K. Joung. 2014. CRISPR- CAS systems for editing, regulating and targeting genomes. *Nature Biotechnology* 32:347–355.

Sorek, R., V. Kunin, and P. Hugenholtz. 2008. CRISPR— A widespread system that provides acquired re sis tance against phages in bacteria and archaea. *Nature Reviews Microbiology* 6:181–186.

Stern, A., L. Keren, O. Wurtzel, G. Amitai, and R. Sorek. 2010. Selftargeting by CRISPR: Gene regulation or autoimmunity? *Trends in Genetics* 26:335–340.

World Health Or ga ni za tion (WHO). Breastfeeding 2015. http:// www . who. int / topics / breastfeeding / .

第三章

Baym, M., T. Lieberman, E. Kelsic, R. Chait, and R. Kishony. 2015. The bacterial evolution experiment was carried out by these scientists at Harvard medical school.

Burt, A., and R. Trivers. 2006. *Genes in confl ict: The biology of selfi sh gene tic elements.* Cambridge, MA: Belknap Press of Harvard University Press.

Dawkins, R. 1976. *The selfi sh gene*. Oxford: Oxford University Press.

Diamond, J. M. 1997. *Why is sex fun? The evolution of human sexuality.*New York: HarperCollins.

Ellegren, H. 2011. Sex- chromosome evolution: Recent progress and the influence of male and female heterogamety. *Nature Reviews Genetics* 12:157–166.

Flot, J. F., B. Hespeels, X. Li, B. Noel, I. Arkhipova, E. G. J. Danchin, A. Hejnol, B. Henrissat, R. Koszul, J. M. Aury, et al. 2013. Genomic evidence for ameiotic evolution in the bdelloid rotifer *Adineta vaga. Nature* 500:453–457.

Haber, J. E. 2013. *Genome stability: DNA repair and recombination*. New York: Garland Science.

Holman, L., and H. Kokko. 2014. The evolution of genomic imprinting: Costs, benefi ts and long- term consequences. *Biological Reviews* 89:568–587.

Kuroiwa, A., S. Handa, C. Nishiyama, E. Chiba, F. Yamada, S. Abe, andY. Matsuda. 2011. Additional copies of CBX2 in the genomes of males of mammals lacking SRY, the Amami spiny rat (*Tokudaia osimensis*) and the Tokunoshima spiny rat (*Tokudaia tokunoshimensis*). *Chromosome Research* 19:635–644.

Murdoch, J. L., B. A. Walker, and V. A. McKusick. 1972. Parental age effects on the occurrence of new mutations for the Marfan syndrome. *Annals of Human Genetics* 35:331–336.

Ridley, M. 2003. *Nature via nurture: Genes, experience, and what makes us human*. New York: HarperCollins.

——. 2011. *Genome: The autobiography of a species in 23 chapters*. New York: MJF Books.

Stearns, S. C. 2009. *Principles of evolution, ecol ogy and behavior*. http:// oyc. yale. edu / ecology - and - evolutionary - biology / eeb - 122.

United Nations Population Fund. 2011. *Report of the international workshop on skewed sex ratios at birth: Addressing the issue and the way forward.* New York: UNFPA.

Zimmer, C. 2008. *Microcosm: E. Coli and the new science of life.* New York: Pantheon Books.

第四章

Bhattacharya, T., J. Stanton, E. Y. Kim, K. J. Kunstman, J. P. Phair, L. P. Jacobson, and S. M. Wolinsky. 2009. CCL3L1 and HIV/AIDS susceptibility. *Nature Medicine* 15:1112–1115.

Bollongino, R., J. Burger, A. Powell, M. Mashkour, J. D. Vigne, and M. G. Thomas. 2012. Modern taurine cattle descended from small number of near- eastern founders. *Molecular Biology and Evolution* 29:2101–2104.

Burger, J., M. Kirchner, B. Bramanti, W. Haak, and M. G. Thomas. 2007. Absence of the lactase- persistence- associated allele in early Neolithic Europe ans. *Proceedings of the National Academy of Sciences of the USA* 104:3736–3741.

Falush, D., T. Wirth, B. Linz, J. K. Pritchard, M. Stephens, M. Kidd, M. J. Blaser, D. Y. Graham, S. Vacher, G. I. Perez- Perez, et al. 2003. Traces of human migrations in helicobacter pylori populations. *Science* 299:1582–1585.

Ferreira, A., I. Marguti, I. Bechmann, V. Jeney, A. Chora, N. R. Palha, S. Rebelo, A. Henri, Y. Beuzard, and M. P. Soares. 2011. Sickle hemoglobin confers tolerance to Plasmodium infection. *Cell* 145:398–409.

Freedman, B. I., and T. C. Register. 2012. Effect of race and ge ne tics on vitamin D metabolism, bone and vascular health. *Nature Reviews Nephrology* 8:459–466.

Graur, D., and W.- H. Li. 2000. *Fundamentals of molecular evolution*. Sunderland, MA: Sinauer Associates.

Hancock, A. M., D. B. Witonsky, G. Alkorta- Aranburu, C. M. Beall, A. Gebremedhin, R. Sukernik, G. Utermann, J. K. Pritchard, G. Coop, and A. Di Rienzo. 2011. Adaptations to climate- mediated selective pressures in humans. *PLoS Genetics* 7:e1001375.

Jablonski, N. G. 2012a. Human skin pigmentation as an example of adaptive evolution. *Proceedings of the American Philosophical Society* 156:45–57.

——. 2012b. Living color: *The biological and social meaning of skin color*. Berkeley: University of California Press.

Lander, E. S. 2011. Initial impact of the sequencing of the human genome. *Nature* 470:187–197.

Levy, S., G. Sutton, P. C. Ng, L. Feuk, A. L. Halpern, B. P. Walenz, N. Axelrod, J. Huang, E. F. Kirkness, G. Denisov, et al. 2007. The diploid genome sequence of an individual human. *PLoS Biology* 5:e254.

Monod, J. 1971. *Chance and necessity; an essay on the natural philosophy of modern biology*. 1st American ed. New York: Knopf.

Weber, N., S. P. Carter, S. R. Dall, R. J. Delahay, J. L. McDonald, S. Bearhop, and R. A. McDonald. 2013. Badger social networks correlate with tuberculosis infection. *Current Biology* 23:R915–916.

Wells, S. 2002. *The journey of man: A genetic odyssey*. New York: Random House.

West, S. A., and A. Gardner. 2010. Altruism, spite, and greenbeards. *Science* 327:1341–1344.

第五章

Bencharit, S., C. L. Morton, Y. Xue, P. M. Potter, and M. R. Redinbo. 2003. Structural basis of heroin and cocaine metabolism by a promiscuous human drug- processing enzyme. *Nature Structural Biology* 10:349–356.

Benko, S., J. A. Fantes, J. Amiel, D. J. Kleinjan, S. Thomas, J. Ramsay, N. Jamshidi, A. Essafi , S. Heaney, C. T. Gordon, et al. 2009. Highly conserved non- coding elements on either side of SOX9 associated with Pierre Robin sequence. *Nature Genetics* 41:359–364.

Collins, F. S. 2010. *The language of life: DNA and the revolution in*

personalized medicine. New York: Harper.

Danchin, A. 2002. *The Delphic boat: What genomes tell us*. Cambridge, MA: Harvard University Press.

Franke, A., D. P. McGovern, J. C. Barrett, K. Wang, G. L. Radford-Smith, T. Ahmad, C. W. Lees, T. Balschun, J. Lee, R. Roberts, et al. 2010. Genome- wide meta- analysis increases to 71 the number of confirmed Crohn's disease susceptibility loci. *Nature Genetics* 42:1118–1125.

Ginsburg, G. S., and H. F. Willard. 2013. *Genomic and personalized medicine*. Waltham, MA: Academic Press.

Orel, V. 1984. *Mendel*. New York: Oxford University Press.

Orth, J. D., T. M. Conrad, J. Na, J. A. Lerman, H. Nam, A. M. Feist, and B. O. Palsson. 2011. A comprehensive genome- scale reconstruction of Escherichia coli metabolism—2011. *Molecular Systems Biology* 7:535.

Rees, J. L., and R. M. Harding. 2012. Understanding the evolution of human pigmentation: Recent contributions from population ge ne tics. *Journal of Investigative Dermatology* 132:846–853.

Szappanos, B., K. Kovacs, B. Szamecz, F. Honti, M. Costanzo, A. Baryshnikova, G. Gelius- Dietrich, M. J. Lercher, M. Jelasity, C. L. Myers, et al. 2011. An integrated approach to characterize ge ne tic interaction networks in yeast metabolism. *Nature Genetics* 43:656–662.

Trinh, J., and M. Farrer. 2013. Advances in the ge ne tics of Parkinson disease. *Nature Reviews Neurology* 9:445–454.

Visscher, P. M., M. A. Brown, M. I. McCarthy, and J. Yang. 2012. Five years of GWAS discovery. *American Journal of Human Genetics* 90:7–24.

Weinreich, D. M., N. F. Delaney, M. A. DePristo, and D. L. Hartl. 2006. Darwinian evolution can follow only very few mutational paths to fitter proteins. *Science* 312:111–114.

Yanai, I., and C. DeLisi. 2002. The society of genes: Networks of functional links between genes from comparative genomics. *Genome Biology* 3:research0064.

Zimmer, C. 2008. Microcosm: E. coli *and the new science of life*. New York: Pantheon Books.

第六章

Abi- Rached, L., M. J. Jobin, S. Kulkarni, A. McWhinnie, K. Dalva, L. Gragert, F. Babrzadeh, B. Gharizadeh, M. Luo, F. A. Plummer, et al. 2011. The shaping of modern human immune systems by multiregional admixture with archaic humans. *Science* 334:89–94.

Barton, N. H., D. E. G. Briggs, J. A. Eisen, D. B. Goldstein, and N. H. Patel. 2007. *Evolution*. Cold Spring Harbor, NY: Cold Spring Harbor Laboratory Press.

de Waal, F. B. M. 2001. *Tree of origin: What primate behavior can tell us about human social evolution*. Cambridge, MA: Harvard University Press.

Ely, J. J., M. Leland, M. Martino, W. Swett, and C. M. Moore. 1998. Technical note: Chromosomal and mtDNA analysis of Oliver. *American Journal of Physical Anthropology* 105:395–403.

Green, R. E., J. Krause, A. W. Briggs, T. Maricic, U. Stenzel, M. Kircher, N. Patterson, H. Li, W. Zhai, M. H. Fritz, et al. 2010. A draft sequence of the Neandertal genome. *Science* 328:710–722.

Lalueza-Fox, C., and M. T. Gilbert. 2011. Paleogenomics of archaic hominins. *Current Biology* 21:R1002–1009.

Lynch, M. 2010. Rate, molecular spectrum, and consequences of human mutation. *Proceedings of the National Academy of Sciences of the USA*

107:961–968.

Mikkelsen, T. S., L. W. Hillier, E. E. Eichler, M. C. Zody, D. B. Jaffe, S. P. Yang, W. Enard, I. Hellmann, K. Lindblad- Toh, T. K. Altheide, et al. 2005. Initial sequence of the chimpanzee genome and comparison with the human genome. *Nature* 437:69–87.

Pääbo, S. 2015. *Neanderthal man: In search of lost genomes*. New York: Basic Books.

Patterson, N., D. J. Richter, S. Gnerre, E. S. Lander, and D. Reich. 2006. Genetic evidence for complex speciation of humans and chimpanzees. *Nature* 441:1103–1108.

Reich, D., R. E. Green, M. Kircher, J. Krause, N. Patterson, E. Y. Durand, B. Viola, A. W. Briggs, U. Stenzel, P. L. Johnson, et al. 2010. Ge ne tic history of an archaic hominin group from Denisova Cave in Siberia. *Nature* 468:1053–1060.

Specter, M. 2012. *Germs are us*. The New Yorker, October 22.

第七章

Bateson, W. 1894. *Materials for the study of variation treated with especial regard to discontinuity in the origin of species*. New York: Macmillan.

Benko, S., C. T. Gordon, D. Mallet, R. Sreenivasan, C. Thauvin- Robinet, A. Brendehaug, S. Thomas, O. Bruland, M. David, M. Nicolino, et al. 2011. Disruption of a long distance regulatory region upstream of sox9 in isolated disorders of sex development. *Journal of Medical Genetics* 48: 825–830.

Carroll, S. B. 2005. Evolution at two levels: On genes and form. *PLoS Biology* 3:1159–1166.

Enard, W., P. Khaitovich, J. Klose, S. Zollner, F. Heissig, P. Giavalisco, K.

Nieselt- Struwe, E. Muchmore, A. Varki, R. Ravid, et al. 2002. Intra- and interspecific variation in primate gene expression patterns. *Science* 296: 340–343.

Gerhart, J., and M. Kirschner. 1997. *Cells, embryos, and evolution: Toward a cellular and developmental understanding of phenotypic variation and evolutionary adaptability.* Malden, MA: Blackwell Science.

Haesler, S., K. Wada, A. Nshdejan, E. E. Morrisey, T. Lints, E. D. Jarvis, and C. Scharff. 2004. FoxP2 expression in avian vocal learners and nonlearners. *Journal of Neuroscience* 24:3164–3175.

Hunter, C. P., and C. Kenyon. 1995. Specifi cation of anteroposterior cell fates in Caenorhabditis elegans by Drosophila Hox proteins. *Nature* 377: 229–232.

King, M. C., and A. C. Wilson. 1975. Evolution at two levels in humans and chimpanzees. *Science* 188:107–116.

McLean, C. Y., P. L. Reno, A. A. Pollen, A. I. Bassan, T. D. Capellini, C. Guenther, V. B. Indjeian, X. Lim, D. B. Menke, B. T. Schaar, et al. 2011. Human- specifi c loss of regulatory DNA and the evolution of human- specifi c traits. *Nature* 471:216–219.

Milo, R., S. Itzkovitz, N. Kashtan, R. Levitt, S. Shen- Orr, I. Ayzenshtat, M. Sheffer, and U. Alon. 2004. Superfamilies of evolved and designed networks. *Science* 303:1538–1542.

Molina, N., and E. van Nimwegen. 2009. Scaling laws in functional genome content across prokaryotic clades and lifestyles. *Trends in Genetics* 25:243–247.

Ptashne, M. 2004. *A genetic switch: Phage lambda revisited.* Cold Spring Harbor, NY: Cold Spring Harbor Laboratory Press.

Shen-Orr, S. S., R. Milo, S. Mangan, and U. Alon. 2002. Network motifs in the transcriptional regulation network of Escherichia coli. *Nature*

Genetics 31:64–68.

Somel, M., X. Liu, and P. Khaitovich. 2013. Human brain evolution: Transcripts, metabolites and their regulators. *Nature Reviews Neuroscience* 14:112–127.

第八章

Brändén, C.- I., and J. Tooze. 2009. *Introduction to protein structure*. New York: Garland Science.

Carroll, S. B. 2006. *The making of the fittest: DNA and the ultimate forensic record of evolution*. New York: W. W. Norton.

Deschamps, J. 2008. *Tailored Hox gene transcription and the making of the thumb. Genes & Development* 22:293–296.

Gilad, Y., O. Man, S. Paabo, and D. Lancet. 2003. Human specifi c loss of olfactory receptor genes. *Proceedings of the National Academy of Sciences of the USA* 100:3324–3327.

Glusman, G., I. Yanai, I. Rubin, and D. Lancet. 2001. The complete human olfactory subgenome. *Genome Research* 11:685–702.

Kirschner, M., and J. Gerhart. 2005. *The plausibility of life: Resolving Darwin's dilemma*. New Haven, CT: Yale University Press.

Knight, R., and B. Buhler. 2015. *Follow your gut: The enormous impact of tiny microbes*. New York: Simon & Schuster.

Ohno, S. 1970. *Evolution by gene duplication*. Berlin: Springer- Verlag.

Pal, C., B. Papp, and M. J. Lercher. 2005. Adaptive evolution of bacterial metabolic networks by horizontal gene transfer. *Nature Genetics* 37:1372–1375.

Popa, O., E. Hazkani- Covo, G. Landan, W. Martin, and T. Dagan. 2011. Directed networks reveal genomic barriers and DNA repair bypasses to

lateral gene transfer among prokaryotes. *Genome Research* 21:599–609.
Quignon, P., M. Giraud, M. Rimbault, P. Lavigne, S. Tacher, E. Morin, E. Retout, A. S. Valin, K. Lindblad- Toh, J. Nicolas, et al. 2005. The dog and rat olfactory receptor repertoires. *Genome Biology* 6:R83.
Schechter, A. N. 2008. Hemoglobin research and the origins of molecular medicine. *Blood* 112:3927–3938.

第九章

Bodeman, J. 2003. Act fi fteen. Mister Prediction, interview in "20 Acts in 60 Minutes," show 241 on *This American Life*, air date July 11, 2003, National Public Radio.
Ciccarelli, F. D., T. Doerks, C. von Mering, C. J. Creevey, B. Snel, and P. Bork. 2006. Toward automatic reconstruction of a highly resolved tree of life. *Science* 311:1283–1287.
Koonin, E. V. 2012. *The logic of chance: The nature and origin of biological evolution.* Upper Saddle River, NJ: Pearson Education.
Koonin, E. V., and M. Y. Galperin. 2003. *Sequence - evolution - function: Computational approaches in comparative genomics.* Boston: Kluwer Academic.
Lane, N., and W. Martin. 2010. The energetics of genome complexity. *Nature* 467:929–934.
Margulis, L., and D. Sagan. 2002. *Acquiring genomes: A theory of the origins of species.* New York: Basic Books.
Martin, W., and E. V. Koonin. 2006. Introns and the origin of nucleuscytosol compartmentalization. *Nature* 440:41–45.
Martin, W., and M. Mentel. 2010. The origin of mitochondria. *Nature Education* 3:58.

Timmis, J. N., M. A. Ayliffe, C. Y. Huang, and W. Martin. 2004. Endosymbiotic gene transfer: Organelle genomes forge eukaryotic chromosomes. *Nature Reviews Genetics* 5:123–135.

van der Giezen, M., and J. Tovar. 2005. Degenerate mitochondria. *EMBO Reports* 6:525–530.

Woese, C. R., and G. E. Fox. 1977. Phyloge ne tic structure of the prokaryotic domain: The primary kingdoms. *Proceedings of the National Academy of Sciences of the USA* 74:5088–5090.

第十章

Doolittle, W. F., and C. Sapienza. 1980. Selfi sh genes, the phenotype paradigm and genome evolution. *Nature* 284:601–603.

Gould, S. J., and R. C. Lewontin. 1979. The spandrels of San Marco and the Panglossian paradigm: A critique of the adaptationist programme. *Proceedings of the Royal Society of London B* 205:581–598.

Gould, S. J., and E. S. Vrba. 1982. Exaptation; a missing term in the science of form. *Paleobiology* 8:4–15.

Gregory, T. R. 2005. *The evolution of the genome.* Burlington, MA: Elsevier Academic.

Kovalskaya, N., and R. W. Hammond. 2014. Molecular biology of viroid-host interactions and disease control strategies. *Plant Science* 228:48–60.

Martin, W. F., J. Baross, D. Kelley, and M. J. Russel. 2008. Hydrothermal vents and the origin of life. *Nature Reviews: Microbiology* 6:805–814.

Martin, W. F., F. L. Sousa, and N. Lane. 2014. Energy at life's origin. *Science* 344:1092–1093.

Orgel, L. E., and F. H. C. Crick. 1980. Selfi sh DNA— the ultimate

parasite. *Nature* 284:604–607.

Wochner, A., J. Attwater, A. Coulson, and P. Holliger. 2011. Ribozymecatalyzed transcription of an active ribozyme. *Science* 332:209–212.

後記

Delbrück, M. 1949. A physicist looks at biology. *Transactions of the Connecticut Academy of Arts and Sciences* 38:173–190.

● 親愛的讀者你好，非常感謝你購買衛城出版品。
我們非常需要你的意見，請於回函中告訴我們你對此書的意見，
我們會針對你的意見加強改進。

若不方便郵寄回函，歡迎傳真回函給我們。傳真電話 —— 02-2218-0727

或上網搜尋「衛城出版 FACEBOOK」
http://www.facebook.com/acropolispublish

● 讀者資料

你的性別是 □ 男性 □ 女性 □ 其他

你的職業是 ______________________ 你的最高學歷是 ______________________

年齡 □ 20 歲以下 □ 21-30 歲 □ 31-40 歲 □ 41-50 歲 □ 51-60 歲 □ 61 歲以上

若你願意留下 e-mail，我們將優先寄送 ______________________ 衛城出版相關活動訊息與優惠活動

● 購書資料

● 請問你是從哪裡得知本書出版訊息？（可複選）
□ 實體書店 □ 網路書店 □ 報紙 □ 電視 □ 網路 □ 廣播 □ 雜誌 □ 朋友介紹
□ 參加講座活動 □ 其他 __________

● 是在哪裡購買的呢？（單選）
□ 實體連鎖書店 □ 網路書店 □ 獨立書店 □ 傳統書店 □ 團購 □ 其他 __________

● 讓你燃起購買慾的主要原因是？（可複選）
□ 對此類主題感興趣
□ 參加講座後，覺得好像不賴
□ 覺得書籍設計好美，看起來好有質感！
□ 價格優惠吸引我
□ 議題好熱，好像很多人都在看，我也想知道裡面在寫什麼
□ 其實我沒有買書啦！這是送（借）的
□ 其他 __________

● 如果你覺得這本書還不錯，那它的優點是？（可複選）
□ 內容主題具參考價值 □ 文筆流暢 □ 書籍整體設計優美 □ 價格實在 □ 其他 __________

● 如果你覺得這本書讓你好失望，請務必告訴我們它的缺點（可複選）
□ 內容與想像中不符 □ 文筆不流暢 □ 印刷品質差 □ 版面設計影響閱讀 □ 價格偏高 □ 其他 __________

● 大都經由哪些管道得到書籍出版訊息？（可複選）
□ 實體書店 □ 網路書店 □ 報紙 □ 電視 □ 網路 □ 廣播 □ 親友介紹 □ 圖書館 □ 其他 ______

● 習慣購書的地方是？（可複選）
□ 實體連鎖書店 □ 網路書店 □ 獨立書店 □ 傳統書店 □ 學校團購 □ 其他 __________

● 如果你發現書中錯字或是內文有任何需要改進之處，請不吝給我們指教，我們將於再版時更正錯誤

請沿虛線剪下

廣　告　回　信
板橋郵局登記證
板橋廣第1139號

請直接投郵•郵資由本公司支付

23141
新北市新店區民權路108-2號9樓

衛城出版 收

● 請沿虛線對折裝訂後寄回，謝謝！

ACRO POLIS 衛城出版

Beyond

06

國家圖書館出版品預行編目 (CIP) 資料

基因社會 / 以太 . 亞奈 (Itai Yanai), 馬丁 . 勒爾克 (Martin Lercher) 著 ; 潘震澤譯 . -- 初版 . -- 新北市 : 衛城出版 : 遠足文化發行 , 2020.01
面； 公分 . -- (Beyond ; 6)
譯自 : The society of genes
ISBN 978-986-96817-2-8(平裝)

1. 基因 2. 遺傳學

363.81 108019501

Beyond

06

基因社會
從單一個體到群體研究，破解基因的互動關係與人體奧妙之謎

作者　以太．亞奈（Itai Yanai）、馬丁．勒爾克（Martin Lercher）著
譯者　潘震澤
執行長　陳蕙慧
總編輯　張惠菁
主編　賴虹伶
行銷總監　陳雅雯
行銷經理　尹子麟
行銷企劃　姚立儷
封面設計　萬勝安
內頁排版　簡單瑛設

社長　郭重興
發行人兼
出版總監　曾大福
出版　衛城出版
發行　遠足文化事業股份有限公司
地址　23141 新北市新店區民權路 108-2 號 9 樓
電話　02-22181417
傳真　02-22180727
客服專線　0800-221-029
法律顧問　華洋法律事務所 蘇文生律師
印刷　呈靖彩藝有限公司

初版一刷　西元 2020 年 1 月
Printed in Taiwan

ACRO POLIS
衛城
E-mail acropolismde@gmail.com
Facebook https://www.facebook.com/acropolispublish/